用手机做博主

人气短视频拍摄与剪辑

（剪映版）

桃气 著

電子工業出版社
Publishing House of Electronics Industry
北京 • BEIJING

图书在版编目（CIP）数据

用手机做博主 ： 人气短视频拍摄与剪辑 ： 剪映版 / 桃气著. -- 北京 ： 电子工业出版社， 2025. 3. -- ISBN 978-7-121-49698-1

Ⅰ. TB8；TN948.4

中国国家版本馆 CIP 数据核字第 20252SB941 号

责任编辑：杨雅琳　　文字编辑：刘　晓
印　　刷：中煤（北京）印务有限公司
装　　订：中煤（北京）印务有限公司
出版发行：电子工业出版社
　　　　　北京市海淀区万寿路 173 信箱　邮编：100036
开　　本：880×1230　1/32　印张：7.5　字数：168 千字
版　　次：2025 年 3 月第 1 版
印　　次：2025 年 3 月第 1 次印刷
定　　价：68.00 元

凡所购买电子工业出版社图书有缺损问题，请向购买书店调换。若书店售缺，请与本社发行部联系，联系及邮购电话：（010）88254888，88258888。

质量投诉请发邮件至 zlts@phei.com.cn，盗版侵权举报请发邮件至 dbqq@phei.com.cn。

本书咨询联系方式：（010）88254210，influence@phei.com.cn，微信号：yingxianglibook。

前　言 Foreword

短视频时代的浪潮与你的创意舞台

在这个信息爆炸、节奏飞快的时代，短视频如同一股不可阻挡的潮流，席卷了全球的数字媒体领域。从小红书的精致生活分享，到抖音上的创意无限挑战，短视频以其独特的魅力，成为了连接人与人、传递信息、展现个性与才华的重要桥梁。它不仅仅是娱乐消遣的方式，更是品牌宣传、文化传播、知识普及的新阵地。在此背景下，掌握短视频拍摄与剪辑技能，无疑是开启个人影响力之门、拥抱未来数字生活的一把金钥匙。

短视频的重要性与必要性

信息传播的高效性：在这个“秒”时代，人们的注意力愈发碎片化，短视频以其短小精悍的特点，能够在极短的时间内吸引并留住观众。无论新闻快讯、产品介绍还是知识科普，短视频都能以直观、生动的方式迅速传达信息，提高传播效率。

社交互动的增强：短视频平台如小红书、抖音等，构建了强大的社交生态系统。用户通过点赞、评论、分享等互动行为，不仅能够表达对内容的喜爱，还能参与到话题讨论、挑战赛等活动中，形成独特的社群文化。这种高度的互动性，让短视频成为了增强社交联系、扩大社交圈层的有效工具。

个人品牌的塑造：在这个人人皆可做自媒体的时代，短视频为个体提供了前所未有的展示自我、塑造品牌的舞台。无论美食博主、时尚达人还是知识分享者，通过精心策划的短视频内容，都能迅速积累粉丝，建立个人 IP，实现商业价值的转化。

商业价值的挖掘：随着短视频的普及，其商业价值也日益凸显。从品牌广告植入、直播带货到电商引流，短视频已成为企业营销不可或缺的一部分。掌握短视频拍摄与剪辑技能，不仅能为个人带来收入，还能为企业在激烈的市场竞争中赢得先机。

学会拍摄和剪辑短视频的好处与优势

技能提升与职业拓展：短视频制作涉及创意策划、拍摄技巧、后期剪辑等多个环节，学习并掌握这些技能，不仅能提升个人的综合素质，还能为未来的职业发展开辟更多可能性。无论成为专业的短视频创作者，还是将短视频作为工作辅助工具，都能让职业生涯更加丰富多彩。

表达能力的提升：短视频是一种视觉与听觉的艺术形

式，通过拍摄与剪辑，可以将个人的想法、情感以更加直观、生动的方式表达出来。这种表达能力的提升，不仅有助于人际沟通，还能在创作过程中激发创作者更多的灵感与创意。

情感共鸣与文化传播：优秀的短视频作品往往能够触动人心，引发观众的情感共鸣。通过短视频，我们可以跨越地域、文化的界限，传递正能量、分享美好、传承文化。这种情感与文化的交流，让人与人之间变得更加紧密，世界更加丰富多彩。

经济效益的创造：随着短视频市场的不断扩大，越来越多的创作者通过短视频实现了经济独立甚至财富自由。无论通过广告分成、直播带货还是品牌合作，短视频都为创作者提供了广阔的盈利空间。

本书的五大优势

全面系统的教学内容：本书从短视频的基础概念讲起，逐步深入到拍摄技巧、剪辑软件操作、创意策划等各个环节。内容全面系统，既适合初学者入门学习，也适合有一定基础的创作者进阶提升。

实战案例解析：书中穿插了大量实战案例，包括热门短视频的解析、创作思路的分享及具体操作步骤的演示。通过案例分析，读者可以更加直观地理解短视频制作的精髓，掌握实用的创作技巧。

最新技术与趋势介绍：短视频领域技术更新迅速，本书紧跟时代步伐，介绍了最新的拍摄设备、剪辑软件及行业趋势。让读者在学习过程中不仅掌握当前的主流技术，还能洞察未来的发展方向。

互动性强的学习体验：通过添加作者微信号，链接至在线学习平台，读者可以观看教学视频、参与在线讨论、获取学习资源。这种互动性的学习方式，让学习变得更加生动有趣，同时也方便读者随时随地进行学习。

注重实战与创新的结合：本书不仅注重基础知识的传授和实战技能的培养，还鼓励读者在创作过程中勇于尝试、敢于创新。通过提供创意激发的方法和思路，帮助读者在短视频领域脱颖而出，成为独具特色的创作者。

这是一本专为初学者量身打造的实战型教程。它以其零起点、入门快的特点帮助读者轻松上手；以其内容细致全面、实例精美实用的优势助力读者快速成长；以其编写思路符合学习规律的特点让读者在学习的过程中事半功倍。我们相信，只要读者按照本书的章节顺序进行学习和练习，就一定能够掌握短视频拍摄与剪辑的精髓和技巧，从而在短视频创作的道路上越走越远、越飞越高！

目　录 Contents

第一部分
口播视频的拍摄

第二部分
vlog 的拍摄

第三部分
打造爆款文案

第四部分
剪映让剪辑更简单

第一部分

口播视频的拍摄

第一章

口播视频的 6 种常见模式

口播向来是短视频行业里至关重要的一部分，在各个自媒体平台占有很大的比例，也是普通人进入短视频行业最容易上手的形式。

说它容易，因为它操作起来相对简单，只需要一个人、一个摄像头就可以操作；其实它也有难点，它需要较强的文案功底、镜头表现力及后期充满节奏感的剪辑技巧。

具体说来，口播与其他形式的短视频相比具有如下优势：

（1）口播视频是所有短视频形式里制作成本最低的。

（2）口播视频是建立个人 IP 用时最短的短视频形式。

（3）口播视频中的真人出镜可以迅速建立起与用户之间的信任关系，提高粉丝黏性。

由于口播受表现形式所限，对博主的口才和文案能力及镜头表现力要求极高，加之它的娱乐性和传播性，其对后期剪辑的要求也越来越高。在实践中，因后期出色的剪辑而使曾经失败的作品复活的案例也屡见不鲜。

根据行业和个人喜好，一般将口播视频划分为以下 6 种常见的模式，博主可以根据自己的需求选择最适合自己的模式。

正对镜头模式

真人出镜，正面面对镜头是口播博主最常用的一种表现模式，适用于大多数博主。

对博主的要求：气质好，镜头感强，语言风格有明显的个人色彩，表现力强。

适合类型：主持人，读书博主，知识博主，教育博主，数码博主，测评博主，拆箱博主，情感博主，美食博主，美妆博主，娱乐搞笑博主等。

侧拍口播模式

拍摄口播视频不一定必须正面面对镜头，很多博主会用到侧拍的方式，即面对斜侧方，假装旁边有观看者或倾听对象。这种模式的优点是不会给观看者压迫感，更有亲和力。这种模式更适合初期不愿意面对镜头的博主。

特点：博主侧对镜头，多是从采访者的视角出发，说教性不强；观看者以旁观者角度观看，更有松弛感。

适合类型：情感博主，生活博主，美食博主，或其他有特定拍摄场景的博主。

户外边走边拍模式

口播视频的拍摄一定要在固定的场所进行吗？不一定，如果你是旅游博主、户外博主、商品导购博主，那么边走边拍就一定是你的最佳选择。户外边走边拍模式跳出了室内固定的程式化的场景，会令观看者耳目一新，加上人和镜头、景色同时变换，会给观看者带来满满的新鲜感。

值得注意的是，户外不确定因素很多，人流量较大，需要博主有更强的心理素质。天气因素的影响也较大，尤其是对声音的影响，因此最好选择带有防风罩的麦克风，减少录制过程中的杂音。

特点：观看者能够更直观地理解博主要表达的内容，同时会有较强的身临其境的感觉。

适合类型：时事分析博主，情感博主，商品导购博主，街头采访博主，景点介绍博主，历史讲解博主等。

对谈互动模式

对谈互动模式需要至少两个人在场，一个人提问，一个人回答。这种模式更适合有一定访谈经验且有广泛话题积累的博主，如进行名人访谈、社会观察等的博主。

名人自带流量，观看者对名人的关注和好奇，需要借由博主来提问。

如果对象是普通人，其实也是可以采用这种模式的。例如，“95后”青年女作家闫晓雨通过和100个陌生人吃饭，与各行业人士进行深入交流，并且将访谈集结成册出版，书名就叫《体验派人生》。

适合类型：情感博主，名人采访类博主，知识博主等。

视频配音模式

这种模式适合不习惯面对镜头的博主，或者以其他形式代替真人出镜进行表达的博主。

特点：博主不出镜或偶尔出镜，对博主的剪辑和配音能力要求较高。

适合类型：摄影博主，搞笑博主，动物题材拍摄博主等。

虚拟头像模式

有些博主想做口播却因为各种原因不想露脸，虚拟头像就解决了他们的难题（见图 1-1）。

图1-1

特点：博主真人出镜，但不露出自己的真实容貌，而是使用虚拟头像。

适合类型：不想露脸的各领域博主。

使用虚拟头像的操作方法如下：

打开剪映 App，点击开始创作添加视频，进入视频剪辑页面。点击特效按钮，如图 1-2 所示；选择人物特效，如图 1-3 所示；在形象工具栏下选择喜欢的形象，如图 1-4 所示；通过调整参数来调节头像的大小，如图 1-5、图 1-6 所示。

原视频中没有好看的背景也不用担心，你可以使用如下方法换上自己喜欢的背景。

点击剪辑按钮，如图 1-7 所示；点击抠像按钮，如图 1-8 所示；点击智能抠像，如图 1-9 所示；点击抠像描边，可以对人物进行描边处理，如图 1-10 所示；确认操作后，返回如图 1-7 所示页面，滑动底部工具栏，找到背景按钮并点击，如图 1-11 所示；点击画布样式按钮，选择自己喜欢的背景，如图 1-12、图 1-13 所示。

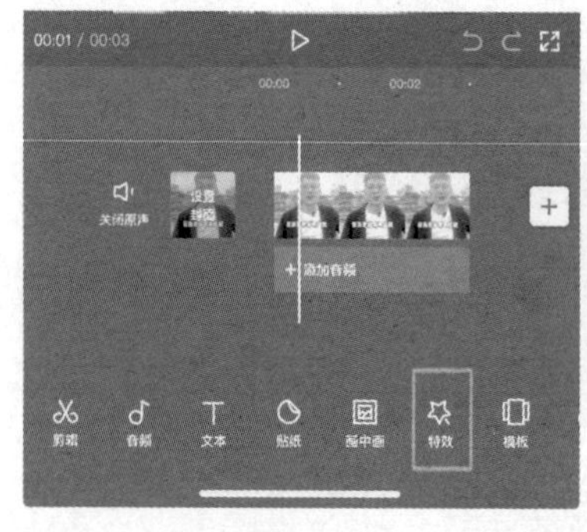

图1-2

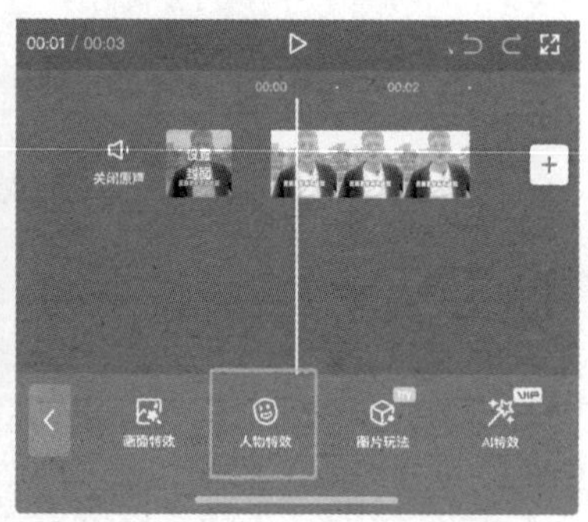

图1-3

图1-4

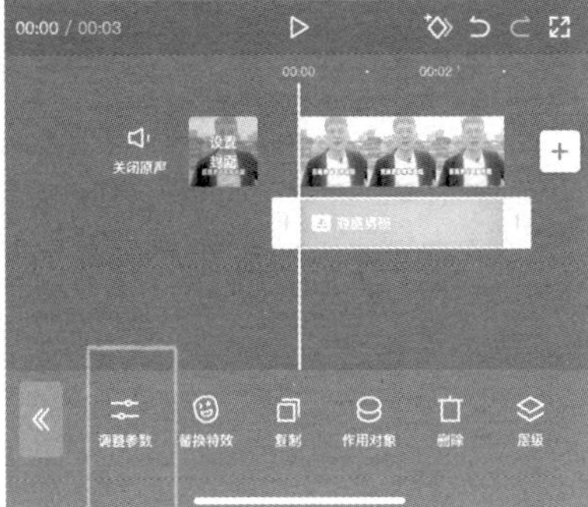

图1-5

图1-6

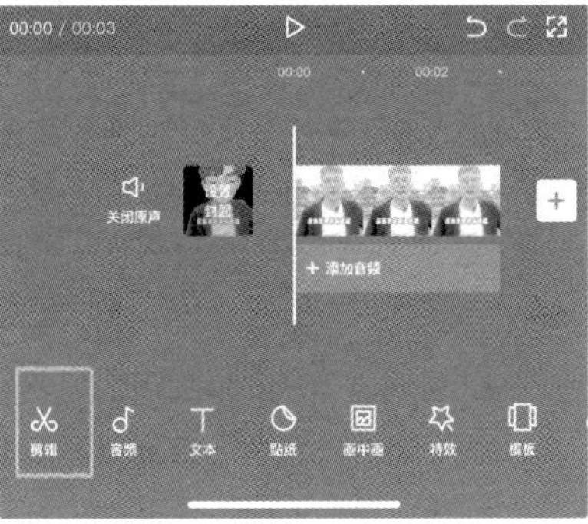

图1-7

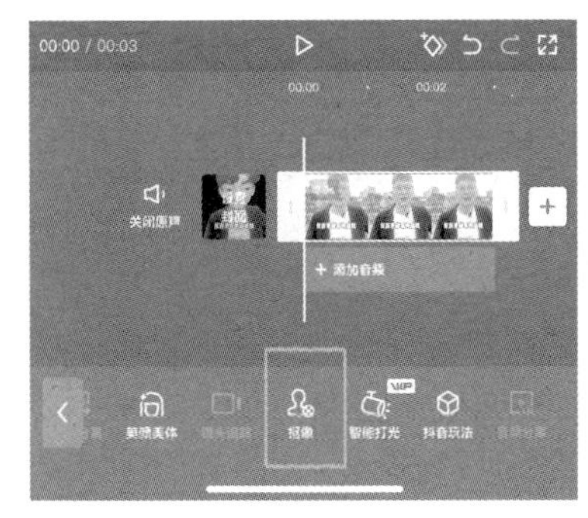

图1-8

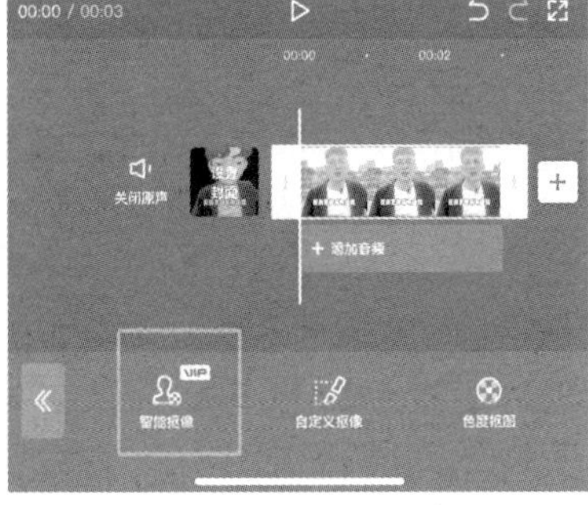

图1-9

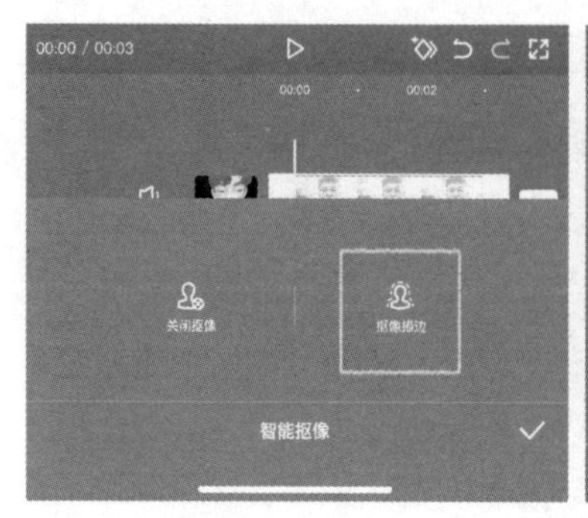

图1-10

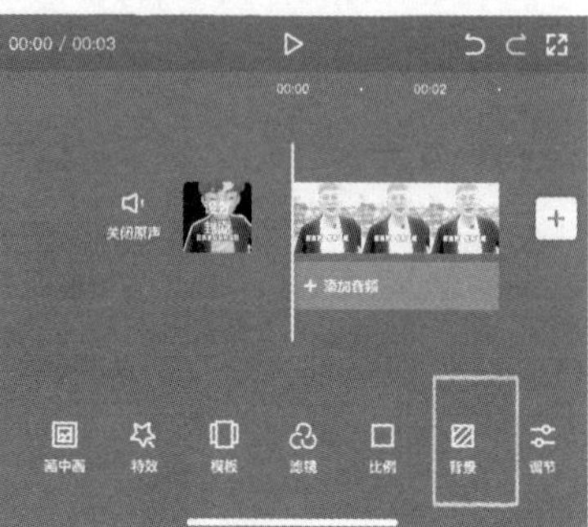

图1-11

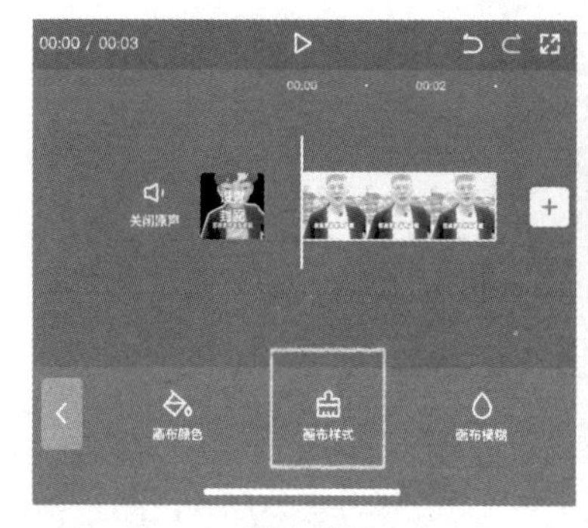

图1-12

图1-13

以上几种模式既可以单独使用，也可以组合使用，如户外边走边拍模式和对谈互动模式相组合。无论采用哪种模式，都需要根据自身的赛道、视频风格和博主自身优势来进行选择。

第二章

如何低成本拍出爆款口播视频

口播视频的制作成本相对于其他形式的视频来说是较低的，尤其是对于初做口播视频的新人来说，不需要在打开局面前就购置专业设备，可以依靠一部手机花很低的成本做出高级感满满的口播视频。

利用简单的场景创造出氛围感

当自己的能力、镜头感都具备了，也明确了口播视频的类型，准备正式拍的时候，你发现家里没有一个像样的地方能作为拍摄背景。

其实，口播视频拍摄场景的搭建只要掌握以下三点就足够了。

利用有限的空间

有些博主会担心家里空间狭小，其实室内口播视频大多为竖屏，所以不需要太大的空间。如果横向拓展受限制，那么你只需要在纵向进行延伸和搭建就行了，如找一堵白墙或一个书架；还有一个更好的办法，即扫出一片空地，你坐在地上，身后放几本书或一幅画，如图 2-1 所示。

图2-1

根据拍摄时间来布光

如果在白天拍摄视频，那么主光尽量用自然光，在上午 9 点到下午 5 点之间的自然光下拍摄出来的视频，其光线干净又通透。

如果在晚上或阴天拍摄时光线较暗，那么就需要打光。打光时可以用到以下三大神器：补光灯，台灯，反光板。

补光灯顾名思义是用来补光的，弥补光照不足，提供辅助光，从而获得更加清晰、明暗合理的画面。通用的环形补光灯或白色平板补光灯都是可以使用的，并且可以调整色温与亮度。

一盏照亮墙面的台灯，有着聚光灯般的效果。

同时使用反光板与主光，可以突出细节，使拍摄主体更加立体。

让场景更高级、更有层次感

为了使拍摄场景看起来更高级、更有层次感，背景可以使用花、沙发、书架、书等来布置，还可以使用台灯打造暖光效果，如图 2-2 所示。

图2-2

在前景的布置上，绿植、鲜花都是不错的选择，博主还可以露出一点肩膀，可以增加视频的高级感和层次感，如图 2-3 所示。

在拍摄时要注意景深，也可以在后期通过背景虚化突出人物主体，这时整个场景的氛围感就非常完美了，如图2-4所示。

图2-3

图2-4

拍摄口播视频的设备及参数设置

明确了口播视频的风格之后，我们需要学习使用什么样的设备来进行拍摄，以及如何设置具体的参数。

手机支架

在拍摄口播视频时，可以选择手机支架，也可以选择手机相机通用支架，这样在后期将手机升级为相机时就无须再次更换了。支架需要挑选稳固性强且可以伸缩的，将其放置于博主正前方，高度以博主平视为准。

麦克风

在拍摄时直接用手机或者相机录制，会伴有嘈杂的环境音。我们可以通过使用麦克风，让录制出的声音更加清晰、立体。无线麦克风因使用起来较为方便，被广泛使用。

无线麦克风通常由两部分组成，一部分是发射器，连接于手机端；另一部分是接收器，可以将其夹在衣领上，或拿在手上（见图 2-5）。

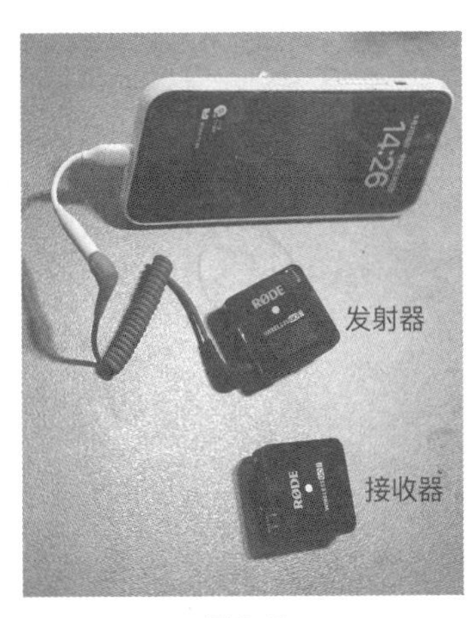

图2-5

专业口播博主使用得最多的无线麦克风来自品牌罗德，但还是那句话，口播的精髓在于博主的表现力和文案能力，好的设备只是锦上添花，有了好的设备并不等于一定能拍出爆款视频。我在拍摄口播视频初期，甚至都没有用到麦克风，只凭借一部手机，我依然成了爆款视频制作者。

提词器

担心文案太长，怕忘词，怕记不住，怕卡壳，这也许是所有想做口播博主的人的难题。

其实只需要一个提词器就可以解决以上问题。

为了节省时间，使录制过程更顺畅、高效，大多数口播博主都会用到提词器。常用的提词器为剪映、轻抖等 APP，直接下载就可以了，它们都是免费的，而且使用起来非常方便。

只需要将文案粘贴进去，就可以开始录制了，文案的滚动速度、字体的大小都可以调节，如图 2-6、图 2-7 所示。

图2-6　　图2-7

新人口播博主在使用提词器时，会出现紧盯字幕、眼神僵硬等问题，在下一章，我们来讲讲如何提升镜头表现力。

口播视频画面比例

视频画面有横屏和竖屏两种可以选择。

竖屏是最适合口播视频的，其比例一般设置为 9:16。竖屏更容易拉近博主与观看者的距离，让观看者觉得博主更亲切，在观看视频时更有沉浸感。

如果你是口播博主，表现力也足够强，那么竖屏是你最好的选择。

但是如果你想更多地呈现你所在的场景，或者表现力不那么突出，那么更推荐你选择横屏，横屏里的场景会分散观看者对博主表现力的关注，更多地去关注场景的展示。需要注意的是，不同的平台，竖屏和横屏的选择优先级也不一样。例如，如果你是 B 站（哔哩哔哩）博主，那么我更推荐你选择横屏进行拍摄。

打造属于你的专属风格

想让粉丝很快记住你，你得打造和其他博主不同的风格，从而使自己更有辨识度。

教育博主汪老师爱成长，她的定位既符合职业风格，又有自己的特色，如图 2–8 所示。

教育博主小闲老师讲学习，他戴着眼镜，语言风格平和朴实，个人风格符合教育赛道，如图 2–9 所示。

图2-8

图2-9

所以在正式拍摄口播视频之前，给自己做一个风格设计。除了颜值博主，其他领域的博主不需要高颜值，但要有自己统一的、长期的风格，目的是让粉丝更容易对你形成稳定、持续的认知，降低他们对你的记忆难度。

博主还可以通过小技巧，如使用特殊背景、发带、妆容、眼镜、手势、服饰等元素，来展示自己独一无二的个人风格。

第三章

如何提升口播表现力

口播看似只需要动动嘴就可以了，其实要想做好口播并不是只张嘴说话就行的，否则人人都可以做好口播了。好的口播者一定是个优秀的表达者，他具备镜头表现力、语言表达力、文案输出能力、共鸣能力等口播博主必需的基本素养。当然，新人博主刚开始做不到也不要着急，凡事都有一个循序渐进的过程，我们可以从以下几方面来各个击破。

模仿优质博主

还记得你最初想做口播博主是因为受到了哪一类视频的影响吗？哪一位口播博主激起了你的模仿欲和表达欲？不妨把那位博主的视频翻出来，将视频下载下来，将文案打印出来，然后对照着该博主的文案和视频深入模仿。

（1）将抑扬顿挫标注在文案的每一句、每一字上，并熟练诵读。

（2）标注好之后，对照视频同步读文案，边读边观察该博主的表情、手势，这样模仿一段时间之后，你的基本功也会有很大的飞跃。我们最终的目的是做自己的账号，所以不能完全复制他人，要加上具有自己的特色的文案或者形象、声音等，形成自己独一无二的风格。

战胜镜头恐惧

战胜镜头恐惧的另一种说法是战胜自己的内心，其实很多人害怕面对镜头的根本原因是不够自信，有人觉得自己颜值太普通，甚至牙齿不整齐都不好意思张嘴说话，有人觉得自己嘴皮子功夫不够，有人觉得拘束放不开。

大家要明白一点，我们不是演偶像剧，没有人会过分关注我们的长相。我们也不是进行演讲和脱口秀，不一定非得有专业的能力。

只要我们的感染力给足了，用心了，牙齿不整齐反而还会成为我们的一种特殊标志和个人符号呢。我们可以从以下几个方面逐步提升我们的镜头感。

访谈式口播过渡

如果你一面对镜头就紧张，觉得拘束、手足无措，那么可以选择侧对镜头，即不正面面对镜头，以第三人的视角进行拍摄。

这时你会发现你的紧张感消失了，拍摄效果也好了很多。

等这样拍摄一段时间后，你熟悉了拍摄流程，找到了感觉，再开始练习正对镜头拍摄，因为在这个时候，你拍摄起来更熟练了，也更有信心了。

其实你本来就可以面对镜头，侃侃而谈，只是最初你不相信自己，不敢面对镜头，也不敢面对镜头里的自己。这时，侧对镜头拍摄就给了你一个缓冲的过程，也是让你慢慢找回自信的过程。

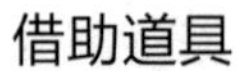

借助道具

很多博主在口播的时候喜欢抱着抱枕、书、宠物或者拿着一个杯子，这些道具可以缓解博主的手足无措，为其提供一些支撑感。

四招让你的视频充满交流感

在录制视频时，我们可以使用提词器来助阵，但是如果全程紧盯提词器，生怕说错一个字，那么会导致你眼神僵硬，全程无交流感。

口播最重要的一个特征就是交流感强，只有有了较强的交流感，才能很快拉近自己与粉丝的距离，获得信任。那么如何才能使视频充满交流感呢？

熟悉并无条件认同你的文案

看提词器之前，将文案大声地读十遍，对生字、断句等地方多加练习，直到熟练为止。在录制中，每一句话的后半部分尽量不看提词器，这样做是为了不让眼神跟随字幕左右移动，以免给粉丝一种你在念稿的感觉。

有的博主的文案看起来还不错，但该文案是出自模仿或者搬运，甚至有可能不是博主自己写的，博主本人并不认同文案里的内容，那又如何能够让别人认同呢？

无条件认同你的文案，热爱你的内容，把镜头想象成你的爱人或朋友，或者一个倾听你声音的树洞，敞开心扉地去表达吧。

用语音、语调提升感染力

在口播时，给自己的声音注入感情，通过改变语音、语调，将你的情绪和感受放大，喜悦感部分用夸张或上升语调，失落感部分降低音调或叹一口气，这也是很多口播博主常用的技巧。

如果很难做到，不妨喝一杯红酒，放一点充满情绪感的背景音乐（通过蓝牙耳机听不会干扰人声收音），让自己入戏。要先打动自己，让自己沉浸，才会打动别人。

我在录制口播视频时会经常用到这个方法，百试百灵。在镜头面前我们是演员、是角色，好的演员要沉浸于自己的角色，将自己带入情节，才有可能打动观看者，我们的情绪和感受直接影响观看者的体验感。

分段来录，一键粗剪

如果文案太长，那么就分成 3～5 个部分来录制，因为后期可以进行剪辑，所以中途录错、中断都没关系。

录好后，把几个片段拼接起来，使用剪映 App 里的“一键粗剪”功能，先导入素材，识别字幕，再标记无效片段，剪掉录错和中断的部分，就得到一个流畅的视频了，具体操作如图 3-1、图 3-2、图 3-3、图 3-4、图 3-5 所示。

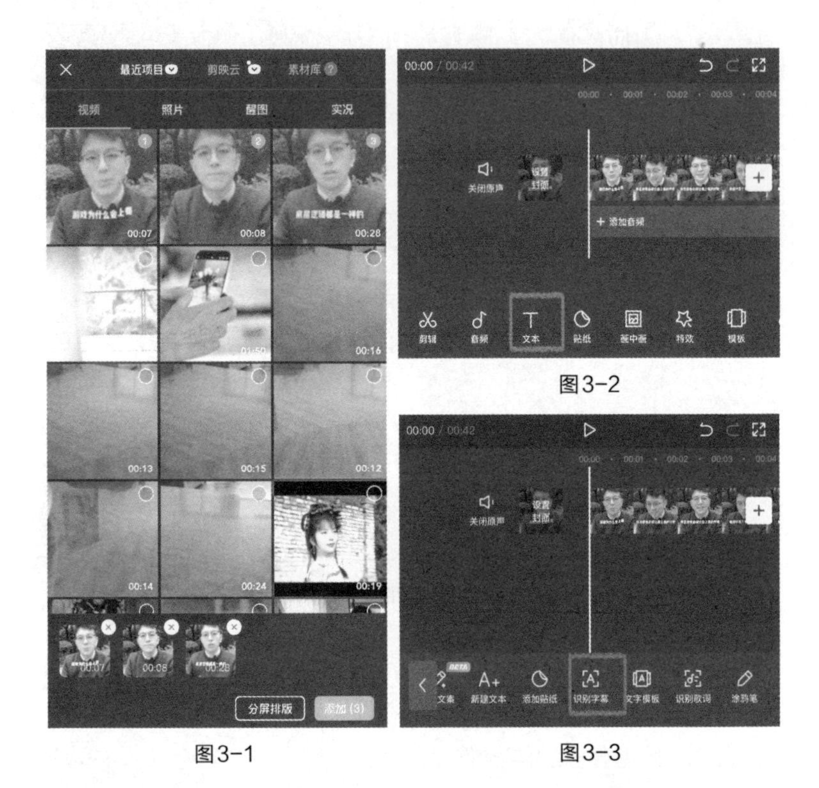

图3-1

图3-2

图3-3

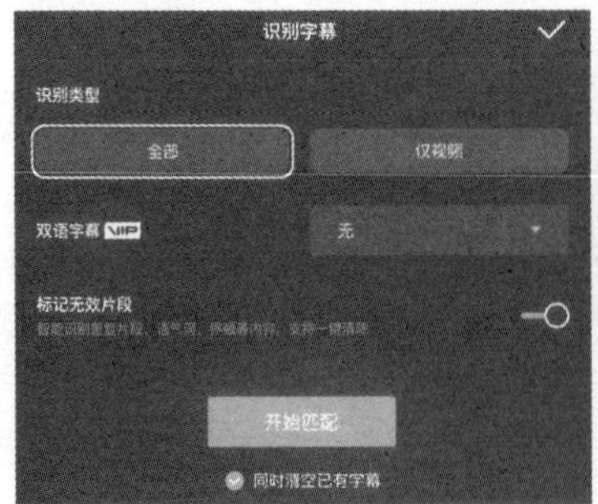

图3-4

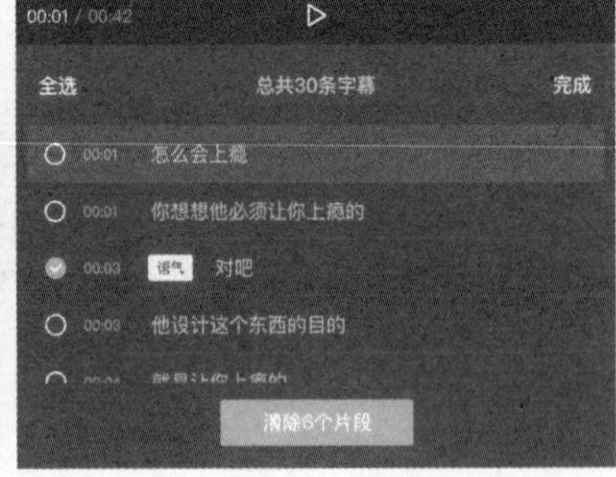

图3-5

加上对应的表情和手势

如果你觉得自己的表现力还是欠缺一些，视频看起来太平淡或者枯燥，那么不妨试试在需要着重强调的部分（如数字或者要点），用强调的手势来引起观看者的重视，增加镜头冲击感，如图 3-6 所示。也可以用握紧拳头或者摊开双手等动作表达你的愤怒和无奈，如图 3-7 所示。

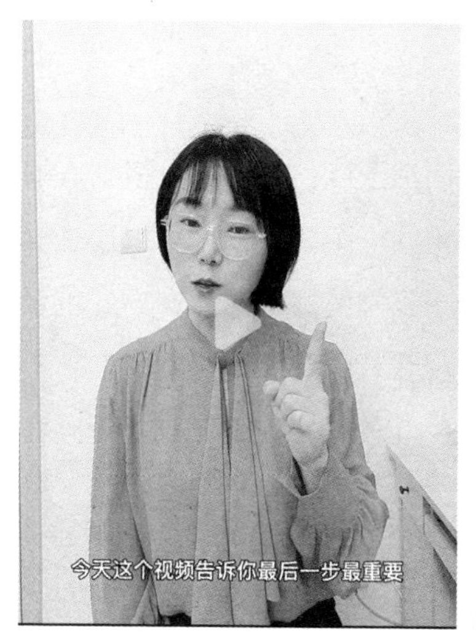

图3-6

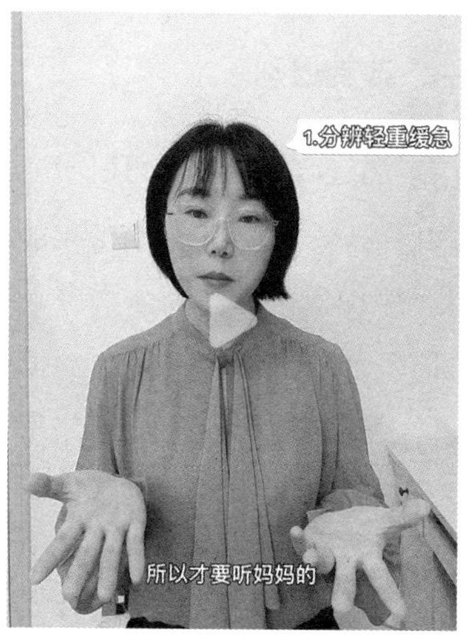

图3-7

在需要有情绪渲染的地方，可以配合适应的表情：抬高眉毛、睁大眼睛表达你的愤怒或惊喜。

对一个合格的口播博主来说，提词器只是一个辅助工具，不能完全依靠提词器；要用你最真诚的交流感和最真挚的情感表现力，去输出你的内容。

让综艺感剪辑拯救口播表现力的不足

如果你不能很快领悟以上方法，也不要灰心，下面这个方法一定是你的救命稻草。

一条平平无奇的口播视频，通过后期的剪辑，可以变得趣味满满，如改变景别，增加花字、音效、表情包、贴纸、画中画等。

改变景别

通过改变景别，可以增加画面活跃度：哪怕是一镜到底的纯口播，哪怕博主整条视频都采用同一个姿态，也可以通过改变画面的大小来消除观看者对单一景别的疲惫感。在一些重要部分，放大景别到特写，会抓住观看者的注意力。

我在剪辑视频时，经常每 5 ~ 10 秒就切换下景别，使画面看起来不单调，更灵动。

巧用花字和蒙版

蒙版可以迅速吸引观看者，如图 3–8 所示，关键字用花字，加上圆形蒙版，使画面更加生动活泼，此外，加上音效和出场动画，能大大增强视频的趣味性。

图3–8

表情包

如果自己的表现力不够，那么可以让表情包来助你一臂之力。恰到好处的表情包可以将氛围烘托得更加热烈。在视频里，你既是导演又是主演，你可以将表情包想象成你的配戏搭档，和你一起完成表演。常用表情包如图3-9、图3-10所示。

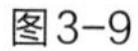

图3-9

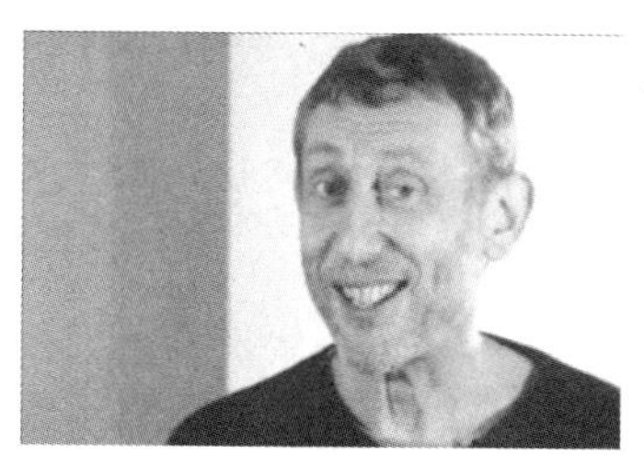

图3-10

画中画

口播的表达形式虽然是单一、固定不变的，但是可以用画中画插入相关素材，来对主题进行进一步说明，在丰富画面内容的同时，大大提高观赏性，如图3-11所示。

图3-11

第二部分

vlog的拍摄

第四章

通过 vlog 打造自己的高价值定位

我们在拍视频之前，要做的第一件事情不是马上去拍，而是确定自己的人设和定位，因为我们是在做账号而不是发朋友圈，不能想发什么就发什么，既然是账号就要结合自己在某个领域的能力并持续输出优质作品，才能让自己快速地被粉丝所了解，不断获得高黏性的粉丝。

如何确定自己的领域

我们可以从以下三个维度来确定自己的领域。

你的资源背景

资源背景是指你是品牌商或厂家，也可以是店铺老板，背后有供货渠道。

你的才艺和技能

在对自己的账号进行定位时，可以看看自己是否有绘画、跳舞、唱歌、演奏乐器等才艺；也可以看看自己是否有写作、阅读、教学、职业指导、烘焙、化妆、穿搭、整理收纳等技能。

你的社会身份和家庭角色

在社会或职场中，你的身份是什么？这个身份可以是律师、会计师、管理者、厨师、教师、程序员，外卖小哥等。

在家庭中，你扮演着什么样的角色？这个角色可以是爸爸、妈妈、女儿、儿子、爷爷、奶奶。

用这些身份或角色加上个人独有的特点或技能，就能搭配出无数种令人耳目一新的组合。

例如，使用家庭角色和技能搭配，可有组合如表4-1所示。

表 4-1　搭配组合（1）

账号	家庭角色	技能
全能西西妈妈	妈妈	赚钱带娃全能
奶奶爱护肤	奶奶	护肤经验心得
清华奶爸科学育儿	爸爸	科学育儿

使用个人昵称和特长、技能、货源搭配，可有组合如表 4-2 所示。

表 4-2　搭配组合（2）

账号	个人昵称	特长、技能、货源
阿喜玩数码	阿喜	数码产品
芒果西施	西施	芒果货源
胖胖爱跳舞	胖胖	舞蹈才艺

没有一技之长的普通人如何定位

有的人会问：我既没有资源背景，也没有什么出众的才艺和技能，就不能拍视频了吗？其实自媒体博主大多是普通人，也就是说，就算没有特别突出的技能，我们也可以挖掘出属于自己的赛道。

例如，你有一个明确的目标：你是超重人士，想在 3 个月内减重 20 斤；你成绩普通打算挑战高分考研；你坚持每天 5

点早起学习英语，就是为了在3个月内突破雅思8分；等等。

这种账号一般在以下两个方面具有竞争力：一是满足粉丝的陪伴需求，二是满足粉丝的猎奇心理。

一些超重人士和成绩平平的人也许正处在迷茫之中却不知道该如何前进，找不到方向。那么你的账号对他们来说就是再好不过的陪伴，你们一起感受每天的变化，一点点积累，最终达成目标。

你的高度自律和在成长过程中分享的经验，会让处在同样迷茫中的粉丝们感到并不孤单，对他们来说是一种莫大的鼓励。

此外，人们对于一个人是否会有真正的变化总是充满了好奇，短视频呈现的内容让粉丝们亲眼见证了变化历程，这种前后强烈对比的巨大反差感，能够满足观看者的猎奇心理。

在做账号的过程中切记要避免流水账式的视频，没有人会对一个普通人的流水账日常感兴趣，所以要给你的视频赋予一定的价值感，如治愈感、情绪共鸣、实用性、干货等。

精准定位：给自己贴上有价值的标签

在我们全面地了解了自己的领域后，我们要进一步确定和划分我们的赛道。很多人不知道该如何明确自己的定位，其实只要记住一个原则就够了：

热爱+成就+市场需求=高价值账号定位

热爱是你擅长的方向和兴趣所在，成就是你在该领域内取得的成绩，市场需求则代表了变现的方向和渠道，将这三点结合起来就是一个非常有价值的个人账号定位了。

只要你依照这个原则，就可以快速、高效地找准定位。

具体的定位方法，大家可以直接套用以下几种组合：

1. 特长型定位：货源、才艺、技能+身份

如 985 毕业学霸、擅长科学育儿的 95 后宝妈。在这个组合里，“学霸”是个人成就，“科学育儿”是兴趣或热爱，“95 后宝妈”明确了年龄、身份和赛道。亲子赛道有很大的市场需求，由于博主的身份和教育背景，进入亲子赛道里的科学育儿领域是很有竞争力的。

2. 差异化定位：一个赛道+多种可能性

穿搭赛道的竞争很大，博主如果直接展示穿搭，很快便会被湮没，如果想做出彩，就要寻找差异化。差异化可以体现在场景上，可以体现在目标人群上，也可以体现在表演形式上。例如，如果你想做穿搭博主，那么你可以尝试的定位可以是穿搭 + 变装、穿搭 + 闺蜜出行、穿搭 + 开箱、穿搭 + 国风、穿搭 + 大码女装等。

3. 大赛道+细分赛道

如果你想做育儿类账号，那么就要在细分赛道进行精准定位，因为育儿这个赛道太大了，你要让有具体需求的粉丝可以很快关注到你。例如，你可以尝试育儿 + 小实验、育儿 + 辅食、育儿 + 早教、育儿 + 宝妈日常、育儿 + 亲子沟通等。

美食类赛道非常饱和，如果你一上来就直接做菜或展示各种美食，那么可能没有人会看，因为这样做的人太多了，做得

好的人也太多了，你需要在细分赛道里深耕你最擅长的那一小部分，做到精而专。例如，你可以尝试美食 + 探店、美食 + 甜点、美食 + 教程、美食 + 减脂等。

4. 成长型定位：个人目标、热爱 + 个人身份

如果你实在没有特长，那么你可以树立一个目标，找一个你感兴趣并且打算在未来的一段时间内深耕的领域，加上你的身份，如立志减肥逆袭的产后妈妈、3 个月雅思突破 8.5 分的废柴少女、从卑微打工人到知识博主等。

完善主页

账号头像、昵称、主页简介、背景图片这几大要素都要与人设符合，如美食博主就尽量不要用一个随处可见的卡通头像，要用清晰兼具美感、符合账号调性的头像，同时，背景图可以加入一些氛围感。

选昵称可套用领域 + 记忆点的原则，要符合自己的领域并简单易记，不要出现生僻字或者难输入的字，因为这样不利于粉丝搜索。

主页简介和你的简历可不是一回事，大家在刷短视频时没有那么多时间去详细了解你这个人。你只需要用 3 行左右的字进行精准概括、高度总结就可以了，可遵循 3w 原则：

who：你是谁？

what：你的成就是什么？

why：你能给到粉丝的价值是什么？（粉丝为什么要关注

你？）

在图 4-1、图 4-2、图 4-3 中，粉丝们可以从这些简介里清楚地看到博主的身份、个人成就和能够带给自己的价值，如果符合自己的需求，粉丝们就会果断关注。

图4-1

图4-2

图4-3

第五章

拍摄设备详解

很多新手博主都会陷入一个误区，总以为拍视频必须得具备高大上和全面的器材与装备，于是买了一大堆的专业器材，可是买下后又不知道如何正确使用，便开始揣摩和学习，还没等开始拍，就消磨掉了很多的拍摄热情。

这一章我就来跟大家讲讲关于拍摄设备的那些事。其实不需要专业的设备，新手博主用手机也一样能拍出高级感满满的优质视频。

拍摄设备

“到底是用手机拍摄还是用相机拍摄？”这是很多新手博主最常问的问题。不可否认，相机拍出的画面质感是远远超过手机的，但是并不代表相机就是优质视频的唯一条件，也不代表手机就拍不出优质视频，毕竟我们拍的是短视频，是以自媒体分享为主的，不是拍电影、电视剧。

只要你的方法正确，手机一样可以拍出爆款视频，下面我就分享下手机和相机的使用方法与参数设置。

手机和相机

对于拍摄设备，我们在拍摄初期遵循以下原则：能不花钱就不花钱，手里有什么就用什么拍。

1. 手机选择

可以优先选择苹果手机或者华为手机，它们可以拍出质感很好的视频。苹果手机 12 pro 以上型号，有景深等功能；华为手机 mate 40 pro 以上型号，可以手动调整曝光。

我们以苹果手机为例来演示。

在正式拍摄之前，我们需要先调整参数，打开苹果手机，找到设置，将分辨率设置成 1080p，帧率设置成 60，如图 5-1、图 5-2 所示。

图5-1　　图5-2

现在我们可以直接打开苹果手机的自带相机进行拍摄了。打开相机，选择电影效果，如图 5-3 所示。

图5-3

图5-4

图5-5

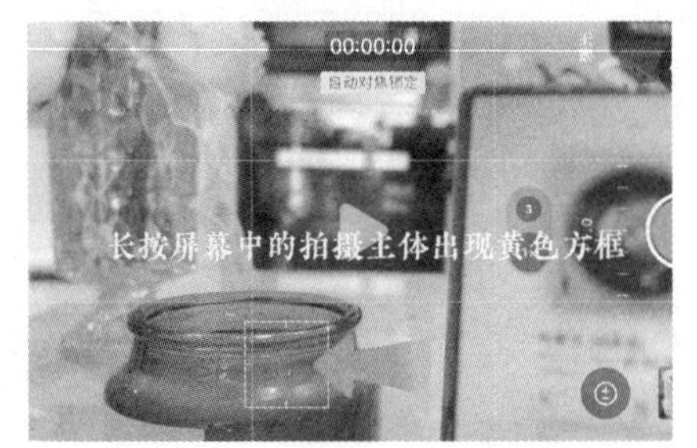

图5-6

通过调整屏幕右上角 f 值的大小，可以改变虚化效果，f 值越小，虚化效果越好，f 值越大，背景越清晰，如图 5-4、图 5-5 所示。

苹果手机 13pro 型号可以通过长按拍摄主体进行对焦，如图 5-6 所示。

苹果手机 13pro 型号还带有自动跟焦功能，非常方便个人独立拍摄。如果在拍摄的时候没有正确对焦，也可以在后期剪辑的时候重新对焦，无须再次花时间拍摄，操作方式如图 5-7、图 5-8 所示。

图 5-7 显示前实景、后面物体虚化，此时如果想要改变焦点，进行下一步，点击右上方的编辑按钮。

图5-7

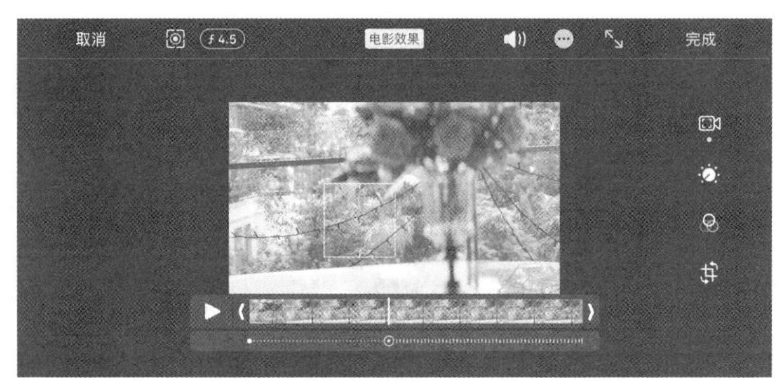

图5-8

如图 5-8 所示，将时间线移动到想要改变焦点的位置，想让后面物体清晰，就先移动时间线，然后长按住该物体，则该物体变清晰，前面物体虚化。

这个技巧对于每一个博主都称得上是救命神技，本该清晰的地方拍成了虚化的废片，经过这样的简单处理，马上就可以达到你想要的最好的效果，不用再耗费时间、精力重新拍一次了。

想要拍出微距图片，打开手机设置，选择相机选项卡，启动微距按钮进行拍摄，屏幕左下方会出现小花标志。此时进行拍摄，就可以获得非常有质感的微距大片了。

2. 关于拍摄软件 ProMovie

如果对视频有更高的要求，但是又不想入手相机，我们可以下载一个摄影 App——ProMovie，如图 5-9 所示。

图5-9

通过这个 App 进行拍摄，可以手动调整曝光、景深、光圈，让手机的拍摄功能更趋近于相机，使拍摄效果达到最优，如图 5-10 所示。

图5-10

3. 相机进阶

熟练使用手机拍摄之后，可以根据个人发展进阶到微单相机（微型小巧且具有单反功能的相机）。

微单相机的优点是便携，拍摄的画面质感也有大幅提升，氛围感更强。

微单相机有多个品牌、多种型号，每一种型号都具有差异性，建议在买之前做好详细的对比。

固定设备

固定手机和相机的设备有很多种，根据不同的场景和需求，我们推荐以下几种。

1. 支架

支架是拍摄中必备的单品，支架的种类也非常多，如桌面支架或者落地支架、单机位支架或多机位支架。在拍摄初期，建议买一个可以伸缩的支架或常规的三脚架，如图 5-11、图 5-12 所示。

图5-11

图5-12

博主积累到一定阶段，当有多平台同时直播等需求时，就需要用到多机位支架。

在一些特殊的场景中，如地面不平整，或者在骑行中拍摄，就需要用到八爪鱼支架，它的优点是可以固定在各种状况的地理环境中，或固定在可移动的物体上，如图 5-13 所示。

图5-13

2. 云台或手持稳定器

如果在室外拍摄或者博主在走动和运动中，那么为了使画面更流畅、稳定，需要用到云台或手持稳定器。

需要强调的一点是，苹果手机 13pro 以上型号都自带防抖功能，拍出的视频已经具有了很大的稳定性。你还可以通过夹紧双臂提高手持设备的稳定性，尽量保持平缓、流畅的动作。

辅助工具（麦克风、灯具）

其实手机和支架已经能够满足新手博主的基本需求了，辅助工具只是起锦上添花的作用。

麦克风可以对现场进行收音，美食博主的汤汁翻滚声、读书博主的翻书声、动物叫声、风声、雨声等都可以通过麦克风来收音。

麦克风收到的声音会比手机直接拍摄收到的声音更加立体和清晰。因为手机拍摄时收到的是整个环境的音，会比较嘈杂，难以突出个体声音。

麦克风的具体使用方法，在第一章已经讲过了，可回看第一章。

灯光是影响视频画质的关键。如果家里有充足的光源，那么一般不建议再花钱去购买灯具，将家中的主灯打开，然后再搭配一个台灯，就可以营造出温馨的画面，台灯既可以作为补光灯，也可以起到氛围灯的作用。

选择香薰蜡烛等光源，也是增强氛围感的好方法，其在很多短视频和影视剧中被高频使用。

常用 App

我们在制作视频的过程中，一般会对封面和视频进行加工与设计，封面的设计在小红书和 B 站等平台较为重要，常用的 App 有醒图、黄油相机、稿定设计等。

醒图和黄油相机都可以对图片进行调色和选择各种各样的热门字体。醒图功能更全面，可以添加各种滤镜和字体，还可以局部提亮。

黄油相机有丰富的花字和贴纸可以选择。

稿定设计则可以快速制作各种海报和封面，有海量模板可以套用，非常高效。

关于视频的剪辑，目前被广泛使用的 App 是剪映，它的功能非常齐全，既有拍摄功能，也有提词功能，还有海量的曲库，视频剪辑功能也非常强大，可以说，只要掌握了这一个 App 的使用方法，基本上就可以搞定所有的短视频剪辑了。

在本书的第四部分，将会全面地来讲解剪映的操作方法。

第六章

一个人搭建氛围感场景

大多数短视频博主在初期都是一个人拍摄，很多人拿起拍摄设备准备开拍时却发现自己的家里找不到一个像样的地方，要不就是乱糟糟的，要不就是好不容易挤出一小块儿地方，却不知如何布置出既合适又好看的场景，今天就来教大家一个低成本也能搭建高级、有氛围感场景的方法。

确定拍摄场所和风格

看着别的博主视频里的场景精致、美好得让人心动，可自己家里却普通得不能再普通，一点儿都不上镜，自己看了都摇头。

其实大多数人都是普通家庭，不可能家家都有精致的环境，拍短视频也并不意味着必须花费重金打造家里环境，掌握以下几个步骤，也许你会脑洞大开。

1. 确定拍摄地点

书桌、厨房、客厅、阳台、卧室是家家都有的场景，我们可以从中选择 2 ~ 3 个作为日常拍摄地点，具体的使用频率可以根据自己的领域来斟酌。

如果你是文化知识类博主，那么在前期你只需要一张桌子就足够了，你只需要专注于打理和布置这张桌子，家里的整体环境几乎可以忽略不计。

有人问：我连一张像样的书桌也没有，怎么办？别着急，有书桌用书桌，没有书桌用饭桌，甚至一个弃置的小圆桌也可以，如图 6−1、图 6−2 所示（本章图由摄影博主飞常婧距离提供）。

图6-1

图6-2

如果你是美食博主，那么能有包含厨房和餐桌的整体的用餐环境当然是最好的，可以预留更多的广告位，如各种烹饪机器、锅碗瓢盆或者餐桌上的各种餐具以及装饰，这些都是广告商最青睐的部分，如图 6-3、图 6-4 所示。

图6-3

图6-4

如果你的厨房杂乱老旧，也没关系，多多使用近景以及特写，既可以忽略其他环境，又可以呈现美食的诱人色泽和更多细节，如图 6-5、图 6-6、图 6-7 所示。

图6-5

图6-6

图6-7

如果你是其他领域的 vlog 博主，当然也可以结合阳台、客厅、卧室等多种生活场景进行拍摄场景搭建，这样做既展现了视频的丰富性，也为后期留出更多的广告位，如厨房用品、食品、家居摆件、花艺装饰等，如图 6-8、图 6-9、图 6-10、图 6-11、图 6-12、图 6-13 所示。

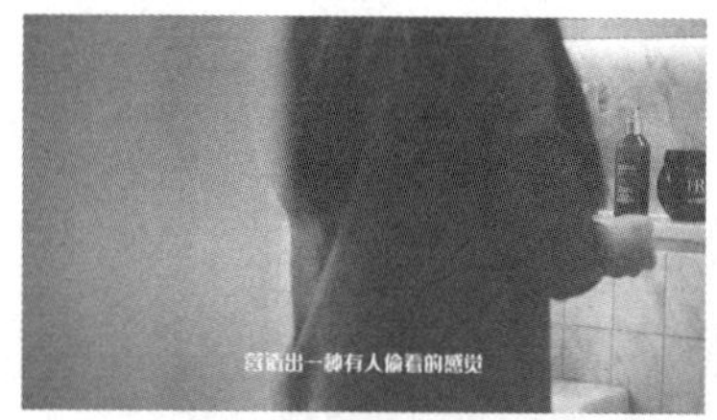

图6-8

图6-9

图6-10

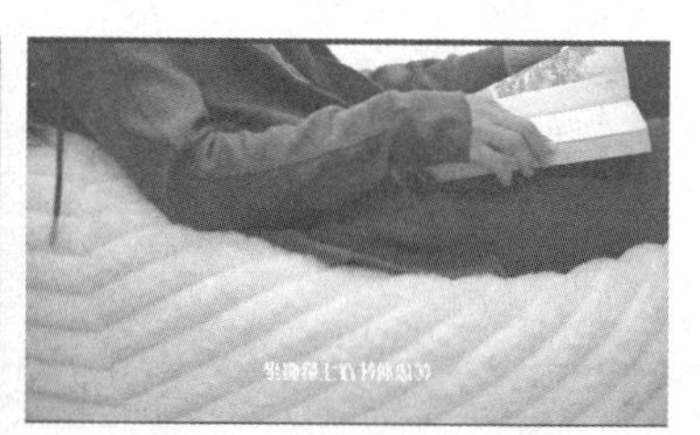

图6-11

图6-12

图6-13

2. 确定个人风格

确定场景后，我们要根据场景来确定自己的风格，如果你不知道自己究竟是什么风格，那么不妨去搜索一些家装图片或者对标博主，如图 6-14、图 6-15、图 6-16 所示。

先确定自己喜欢的图片和视频，研究它们的风格、物品摆放的位置、画面的层次感与颜色搭配等，并根据自己作品的领域确定自己的风格。

但是一定要记住，我们只是借鉴，不能完全照搬，如果你完全复制了他人的场景，也意味着失去了自己的风格。

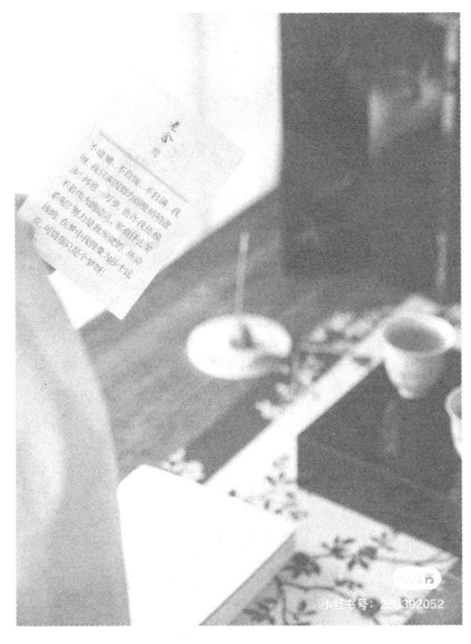

图6-14

图6-15

图6-16

场景布置

在明确了具体的场景和风格之后，我们需要布置拍摄场景，接下来将特别针对新手博主常遇到的一些问题来进行讲解。

空间狭窄怎么办

空间狭窄可能是很多博主头疼的一个问题，毕竟不是家家都有带花园的精致豪宅。很多博主是与他人合租或者住宿舍的，想拍视频，却苦于没地方。

如果空间实在有限，或者懒得去收拾和布置太大的空间，那么以下三个办法一定有一个可以帮到你。

1. 竖屏拍摄

当拍摄空间不足的时候，横屏一不小心就会“露馅儿”，不如就让你的拍摄画面在纵向空间内尽情地延伸，只需要一张桌子甚至半张桌子的宽度，向上延伸或者向下延伸就可以了，如图 6-17 所示。

图6-17

2. 善用遮挡物

画面中露出杂乱的场景，又不方便收拾，

怎么办？很简单，给它增加一个前景，如绿植、玩偶、书本或者人物的背影等，既挡住了杂乱的角落，又多了一道前景，将前景虚化，前虚后实，不仅使画面更有层次感，还突出了拍摄主体，看起来既专业又高级，如图 6-18 所示。

图6-18

3. 避免使用全景镜头

如果采用以上方法不能满足需求，那也不要着急，巴掌大的地方也可以利用。在拍摄中尽量避免使用全景镜头，更多地使用近景和特写镜头，突出拍摄主体的质感和细节，事实上很多博主就是这么做的，如图 6-19、图 6-20、图 6-21 所示。

图6-19

图6-20

图6-21

平价用品也可以搭建出高级场景

不要以为只有高价用品才能拍出高级感，平价好物也完全可以拍出高品质的视频。

1. 窗帘

窗帘是打造氛围感的神器，可以换掉你过时、褪色的旧窗帘，用一块儿梦幻纱帘代替，如图 6-22 所示。

图6-22

2. 桌布

如果你的桌子质感不好，颜色还老旧，不妨给它铺上一块儿好看的桌布，甚至可以利用床单——格子床单铺上去瞬间就能打造英式田园风，如图6-23所示。

图6-23

3. 花瓶等桌面饰品

找一个花瓶，采一把野草或几片碧绿的叶子装满花瓶，画面立刻就有了生机，如图 6-24 所示。

4. 墙上装饰物

墙面不好看或者一片空白怎么办？画框、装饰画、挂毯、贴纸等都是不错的选择，如图 6-25 所示。需要注意的是，装饰画的颜色选择要特别注意，不能一幅是清新淡雅风格，另一幅是艳丽厚重风格，不然会不协调且缺乏美感，也会让观看者摸不清你到底是什么风格。

5. 餐具

虽然餐具不一定要多么精致，但色调、质感和整体要和谐，如图 6-26、图 6-27 所示。如果在一个原木风的家居风格里，摆上一套精品瓷器，就会

图6-24

图6-25

很让人出戏。

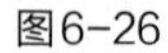
图6-26

图6-27

6. 氛围感灯光和香薰

光源永远是镜头里的灵魂，在光源开启的那一刻，画面就有了温度，就好像有故事在等着我们。

光源的选择有很多种，射灯、灯带、日落灯、台灯、小灯串、圆形灯、落地灯、香薰蜡烛等，它们都是增添氛围感不可或缺的部分，如图 6-28、图 6-29、图 6-30、图 6-31 所示。

图6-28

图6-29

图6-30

图6-31

组合与摆放

集齐以上元素并不等于搭建好场景了，我们还需要对它们的位置进行分区和合理摆放，让它们呈现出高低错落，有前后虚实之感，有层次之分，如图 6-32、图 6-33 所示。

有的小伙伴可能会说，别人摆放得那么好看，可是自己就是不知道怎么摆，那么这里就不得不提一个非常重要的知识——构图。

图6-32

图6-33

构图很重要，它是判断一个视频成败的最关键要素之一，也是影响视频美感的重要环节。

在拍摄之前，每一件物品摆放的位置都要构思好，色调也要统一。我们会在第八章重点来讲构图。

场景布置的作用

在这里重点强调场景布置，是因为一个极其重要的原因——预留广告位。

广告变现是短视频变现最重要的方法之一，那么我们就要尽可能地在视频中留出广告位。如果你是美食博主，你只用一个普通的场景，长期用没有新意的厨具，那么就不太会受到广告主的青睐。

如果你既可以做出美味的食品，又可以在视频中穿插进各种餐盘、电器、器皿等家用好物，甚至车、包，就等于是告诉广告商，这些地方都是可以植入广告的，那么你就会收到更多、更好的广告邀约，如图 6-34、图 6-35、图 6-36、图 6-37 所示。

图6-34

图6-35

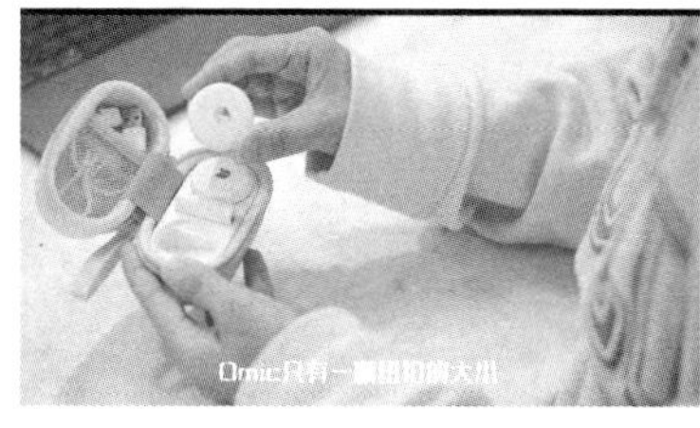
图6-36

图6-37

搭建场景的方法和用具是多种多样的，一个章节也难以讲完，这里我只给大家列举了最常用的，大家可以在拍摄过程中，慢慢去完善和发掘更多的可能性。

第七章

将简单的场景拍得不单调

在视频拍摄中，如果采用一镜到底的拍摄方法，会让观看者觉得单调乏味，很容易陷入疲劳。我们在观看影视剧的时候，可以发现同一个动作、同一个场景，都是通过将几个不同的镜头组合起来，让整个视频看起来更丰富，更充满节奏感和故事感的。那么在这一章中我们就来讲讲如何将一个简单的场景拍得不单调。

景别

我们在看影视作品的时候，会发现一个作品并不是采用一镜到底的方法去拍摄的，片中角色哪怕一个很简单的走路或喝茶的动作都是通过若干个不同的画面拼接起来的，这些画面的拍摄范围和角度各有不同。主体的拍摄范围我们称为景别。

我们以人物拍摄为例来讲解常用的六种景别。

（1）大全景：人物在画面中占一个很小的比例，交代大环境整体景观或者人物所处的年代，重点在于交代环境。拍摄对象是以大环境为主的，并不能看清楚人物的动作、姿态和样貌，如图 7-1 所示。

（2）全景：人物在一个小环境里，它和大全景的区别在于，环境的范围更小，用以说明人物在某一个具体环境中，也就是事件发生的场所。拍摄对象是以人物为主的，可以看到人物的整体形象、动作和姿态，如图 7-2 所示。

图7-1

图7-2

（3）中景：进一步交代人物的动作，人物的一大半都出现在画面里，可以观察到人物部分表情和情绪，如图7-3所示。

图7-3

（4）中近景：人物的一小部分占据整个画面，为了突出人物，此时可以开启景深，即背景虚化，突出人物主体，并可以清楚看到人物的整体动作和表情、神态，如图 7-4 所示。

图7-4

（5）近景：拍摄主体的三分之一部位占据整个屏幕，景深持续，更加侧重于人物的情绪，适合谈话和思考等没有太多小动作的画面，如图 7-5 所示。

图7-5

（6）特写：拍摄主体的某一个部位占据整个屏幕，通过对细节的刻画，描绘出主体的细节或主体人物的心理活动，如图 7-6 所示。

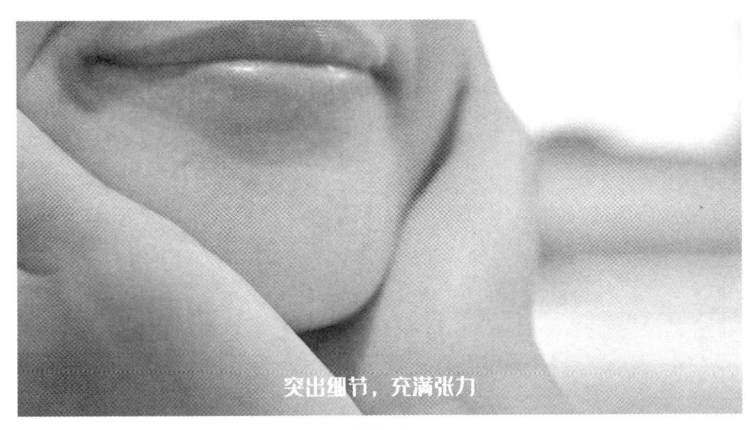

图7-6

拍摄角度

从高度来分类

拍摄设备与被拍摄物体之间的角度，大致分为以下三种。

（1）平拍：拍摄设备与拍摄对象处于同一水平面，镜头更为客观。平拍拍摄出来的画面给观看者的感觉是真实、自然、亲切，也是视频拍摄中最常用到的角度，如图 7-7、图 7-8 所示。

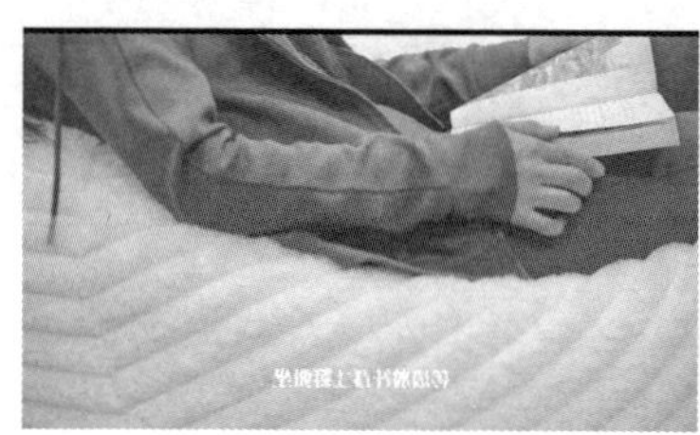

图7-7

图7-8

（2）俯拍：拍摄设备高于拍摄对象，向下拍摄，这种角度拍摄出来的画面会给观看者一种俯视感，使被拍摄主体处于弱势或被审视的地位，如图 7-9、图 7-10 所示。

图7-9

图7-10

（3）仰拍：拍摄设备位于拍摄主体下方，向上仰视拍摄主体。这种角度拍摄出来的画面会让观看者产生一种仰视感、崇拜感，如图 7-11、图 7-12 所示。

图7-11

图7-12

从拍摄方向来区分

同一个高度的拍摄角度不是一成不变的，可以通过改变拍摄方向丰富视频。

（1）正面平拍：拍摄设备正面面对拍摄物体，这样拍摄出的画面可以让观看者产生一种真诚的交流感，在访谈或主持类视频中经常用到这种拍摄角度，如图 7-13 所示。

图7-13

（2）侧面平拍：将拍摄设备放置在被拍摄主体侧面，这样拍摄的画面立体感和纵深感大大增强，在拍摄人物时，也更容易展示人物的体态，如图 7-14、图 7-15 所示。

图7-14

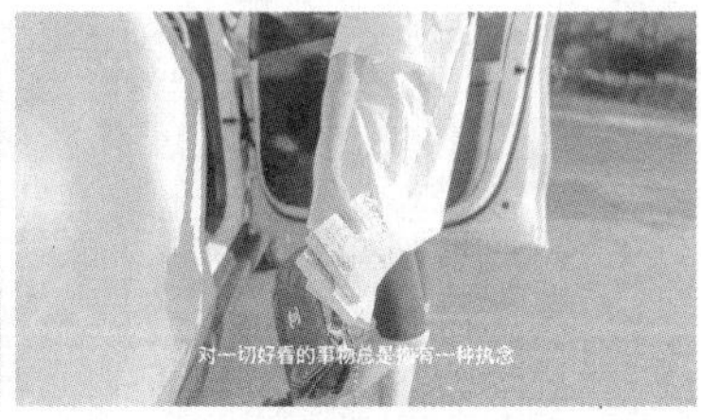

图7-15

（3）斜侧面平拍：拍摄角度处于正面和侧面之间，可以从前方斜侧面拍摄，也可从以后方斜侧面拍摄，如图 7-16、图 7-17 所示。

图7-16

图7-17

（4）背面：从人物的背面拍摄，可以营造神秘感、距离感或氛围感，如图 7-18（背面俯拍）、图 7-19（背面平拍）所示。

图7-18

图7-19

景别与角度的衔接与组合

学习了景别与角度之后，我们就可以在拍摄的时候去运用和结合，以下几个方法可以告诉你怎样将各种景别与角度进行合理的组合。

一个动作选择两个景别

被拍摄人物做一个动作，可以从以上我们学习过的六种景别中选择两个来切换。在一般情况下，两个景别切换就足够了，尽量不要超过三个，同一个动作给太多的景别切换，会让观看者产生一种拖沓之感。如图 7-20、图 7-21 所示，人物拍摄的一个动作在这里用到了两个景别。

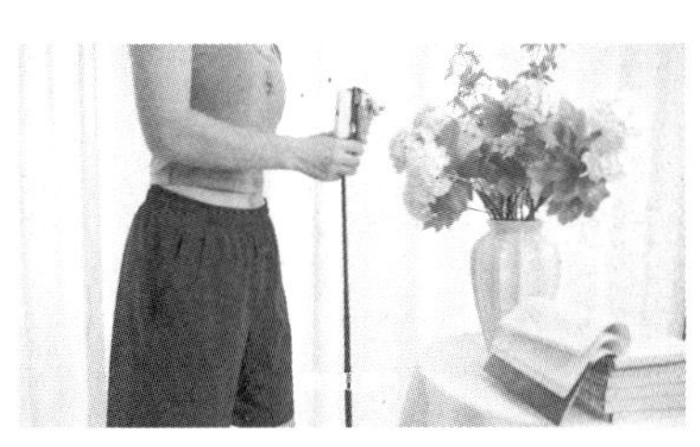

图7-20

图7-21

哪里有动作，就在哪里拍特写

当拍摄人物正在进行一个动作时，该如何组接镜头呢？这时可以先拍一个全景，再加上一个动作的特写，也就是整体 + 部分，如图 7-22、图 7-23 所示。

图7-22

图7-23

递进组合

递进组合是指按由小到大或者由大到小的顺序进行景别组接。我们在进行景别组接的时候要尽量避免将同一景别的镜头进行组接，如避免特写镜头切换特写镜头，可使用中景加特写镜头，如图 7-24、图 7-25 所示。

图7-24

图7-25

空镜头

空镜头几乎是所有视频里的必备元素，是指没有拍摄主体的镜头。空镜头用于转场或推动事件进展，在一般情况下，在短视频中它的比重不超过百分之五。它的主要功能为说明时间的流逝。

例如，我们在拍摄做饭的过程中，不可能将等待食物煮熟的过程都拍入视频。我们可以在盖上锅盖后，加入树梢拂动的镜头，最后再转回到煮好的食物上。中间的这个树梢拂动的镜头就是空镜头，它代表了煮饭这一段时间的流逝，如图 7-26、图 7-27 所示。

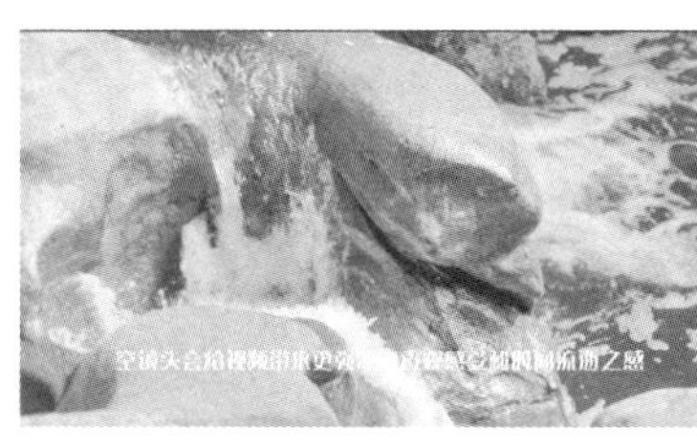

图7-26

图7-27

景深

景深的定义

无论使用相机还是手机进行拍摄，在拍摄中都要对拍摄主体进行对焦，那么对好焦以后，焦点前后之间这部分呈现的清晰范围，我们称之为景深，如图 7-28 所示。

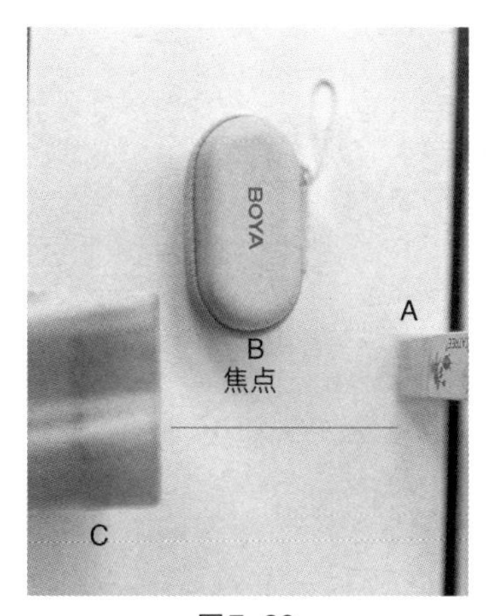

图7-28

在拍摄中我们可以发现，小景深，背景虚化更大、更明显；大景深，虚化越弱，清晰范围越大。

景深的作用

几乎所有的高品质拍摄都会用到景深，那么景深到底有什么样的魔力呢？下面我们分别从大小景深来分析，先看小景深。

（1）虚实结合，使画面充满层次感，前景和后景虚化，中间的拍摄主体清晰，三个层次明显，如图 7-29、图 7-30 所示。

图7-29

图7-30

（2）突出拍摄主体，弱化次要物体，避免杂乱，如图 7-31、图 7-32 所示。

图7-31

图7-32

（3）将观看者的注意力集中到我们想要强调的地方，这个作用在影视剧中最常见到，如图 7-33 所示。

图7-33

在大景深中，虚化范围小，整体更清晰。大景深适合拍摄全景、远景等自然风光，如图 7-34 所示。

图7-34

如何用手机拍出好的虚化效果

如果用相机拍摄，就必须了解景深三要素——光圈、焦距、摄距等相机的专业知识。

由于本书是针对新手的，我们着重教大家如何用手机拍出类似相机质感的虚化效果。

因为手机没有光圈，所以我们就要通过其他方法来调节景深，以 iPhone 13 Pro 型号为例来讲解。

（1）摄距：摄距指的是相机与拍摄主体之间的距离。摄距越短，景深越浅，虚化越大；摄距越长，景深越深，清晰范围越大（见图 7-35、图 7-36）。

图7-35

图7-36

（2）改变主体和背景的距离。拍摄主体与背景的距离越大，景深越浅，虚化效果越好；拍摄主体与背景的距离越小，景深越深，画面越清晰（见图 7-37、图 7-38）。

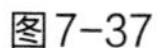
图7-37

图7-38

第八章

通过构图
让画面更具美感

影视剧的画面给人一种和谐感和美感，而我们自己拍的视频总是一团乱。原因是我们在拍摄前没有思考如何构图，导致画面缺乏平衡感、层次感与和谐感。

合理的构图可以给观看者赏心悦目之感，也可以强化故事情节，赋予视频一定的情绪和张力。本章我们来讲解如何通过构图让视频画面更具美感。

关于构图

构图的概念

构图是视觉艺术中的重要环节，通过对画面设置线条、角度、景别、方向、安排和布局拍摄物体的位置与大小等，极大地提升画面美感，表现创作者的创作意图和情感，引导观看者的注意力。

构图的重要性

让我们通过三组画面对比，来看看构图的重要性。

第一组画面中的第一张图中随意摆放盘子和茶杯，如图 8-1 所示；第二张图则使用了对角线构图法，只是改变了盘子和茶杯摆放的位置与拍摄角度，画面传递出来的感觉就发生了极大的变化，如图 8-2 所示。

图8-1

图8-2

第二组画面为书单的拍摄。第一张图的光线昏暗，拍摄角度有误，看不清整体书单内容，布局也较为混乱，如图8-3 所示。经过调整后，第二张图中光线明亮清晰，通过正面平拍可以清楚地看到整个书单内容，虚化背景，凸显拍摄主体，并且拍摄主体在画面的三分线处，如图 8-4 所示。

第三组画面中第一张图中没有突出拍摄主体，画面没有重心，比例失衡，如图 8-5 所示。第二张图中虚化背景，突出拍摄主体，并且主体在画面的三分线处，位于画面的黄金比例点，如图 8-6 所示。

从这三组画面对比中我们可以看到，没有经过构图的画面杂乱无序、缺乏美感，经过构图的画面，给观看者的第一印象非常和谐，无论角度还是布局，都体现出了专业性。

图8-3

图8-4

图8-5

图8-6

常见的9种构图方法

中心构图法

在中心构图法中，拍摄主体在画面最中心的位置。中心构图法是最常用的构图方法之一。在使用中心构图法时，要注意背景与拍摄主体之间的颜色不要太复杂，越简单越好，如图 8-7、图 8-8、图 8-9、图 8-10 所示。

图8-7

图8-8

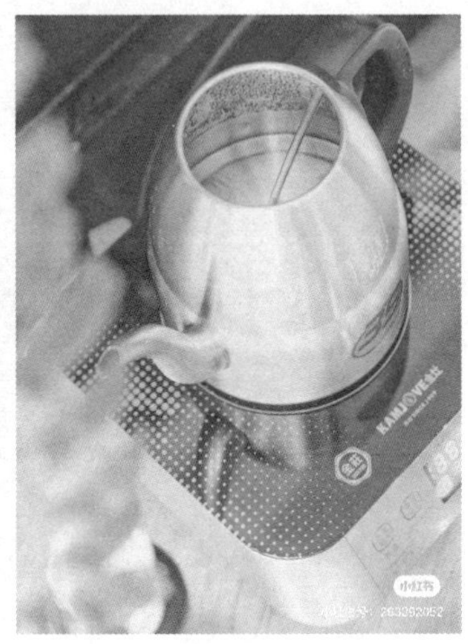

图8-9

图8-10

三分线构图法

三分线构图法即我们常说的九宫格构图法，也是我们平时在拍摄中最常用到的构图方法之一。我们将画面横竖各平分成3份，就得到了九宫格；将拍摄主体放在线条相交形成的4个点上，画面的美观性瞬间增强，如图8-11、图8-12、图8-13、图8-14所示。

图8-11

图8-12

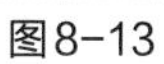
图8-13

图8-14

对角线构图法

在对角线构图法中，拍摄主体处于画面的对角线上，其延伸感令人感到平滑、顺畅，如图 8-15、图 8-16、图 8-17、图 8-18 所示。

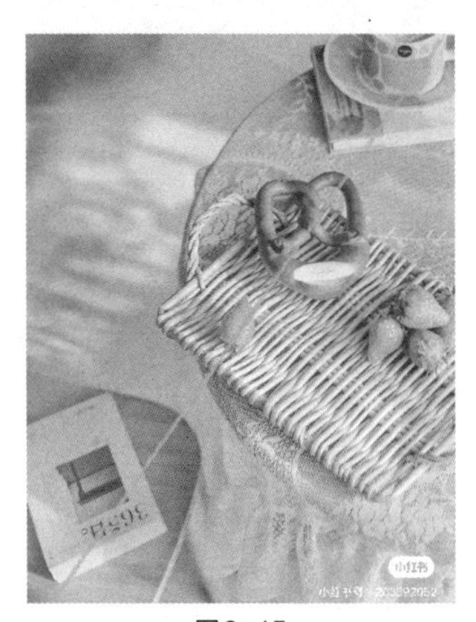

图8-15

图8-16

图8-17

图8-18

框架式构图法

在框架式构图法中，拍摄主体位于框架中，构建出一幅画中之画。这个框架可以是一个形状不规则的框架，如图 8-19 所示；也可以是一个形状规则的框架，如图 8-20 所示。

图8-19

图8-20

这里需要注意的是，框架越简单越好，框架只是作为辅助工具用来烘托拍摄主体的，如果太复杂，会喧宾夺主，使画面失去重点，也不美观。

三角形构图法

在三角形构图法中，拍摄主体与其搭配元素在画面中呈现三角形的轮廓，画面看起来稳定而协调，如图 8-21、图 8-22、图 8-23 所示。

图8-21

图8-22

图8-23

留白构图法

在留白构图法中，拍摄主体占据整个画面较小的空间，留出大量的空间，用以营造空间感和氛围感，如图 8-24、图 8-25 所示。

引导线构图法

在引导线构图法中，常利用道路、栏杆、通道、铁路、桌子边等作为引导线拍摄，增加画面的纵深感和立体感，并将观看者的视线引导到拍摄主体上，如图 8-26、图 8-27 所示。好的画面是会说话的，引导线就像一根手指一样指引着观看者看向整个画面的核心之处。

图8-24

图8-25

图8-26

图8-27

前景构图法

在前景构图法中，拍摄时为拍摄主体设置一个前景，并将前景进行虚化处理，可以烘托出拍摄主体。使用前景构图法拍摄的画面虚实结合，富有层次感，如图 8-28 所示。

如果现场没有实际的前景，也可以自己临时应用道具，如一根树枝、一束花、人的部分肩膀都可以成为前景工具，如图 8-29 所示。

图8-28

图8-29

对称构图法

在对称构图法中，一条线将画面分为上下两部分或者左右两部分，我们将这条线称为中轴线。将中轴线放在拍摄中心，得到左右两部分或者上下两部分对称的画面，营造画面平衡感。这种构图方法常用于拍摄建筑和水面，如图 8-30、图 8-31 所示。

图8-30

图8-31

多重组合构图

常用的 9 种构图方法可以单独使用，在实际的拍摄中，我们也可以结合 2~3 种构图方法一起使用，以使画面看起来更加丰富和完美。

例如，前景构图法可以结合三角形构图法和三分线构图法：果盘虚化充当前景，桌上三件饮品形成三角形构图，人物手持饮品又在画面三分线处，如图 8-32 所示。

图8-32

前景构图法结合三角形构图法和三分线构图法：人物的肩膀充当前景，举起的饮品在三分线处，桌上的三件物品成三角形构图，如图8-33所示。

前景构图法结合三分线构图法：粉色花朵为前景，适当虚化，桌上的杯子在画面三分线处，如图8-34所示。

图8-33

图8-34

对称构图法结合前景构图法：左右两部分一致的建筑，以树梢为前景，如图8-35所示。

框架构图法结合留白构图法和前景构图法：人物的胳膊与身体形成了一个临时框架，人物的身体充当了前景，中间部分留出了大量空间，如图 8-36 所示。

图8-35

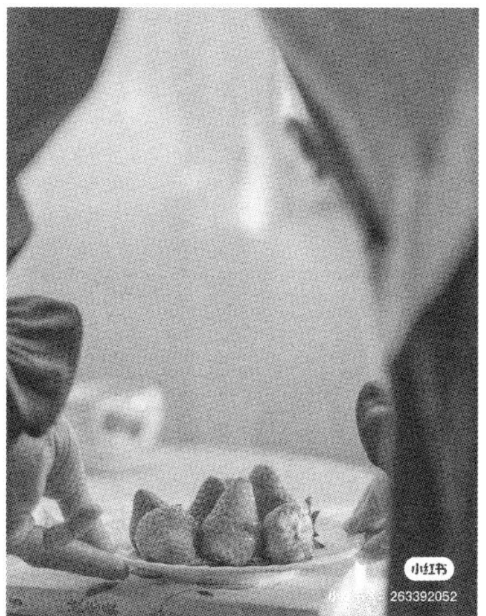

图8-36

如何通过后期制作进行二次构图

每一张拍废的画面中，都可能隐藏着亮点。拍到废片后先不要急着删除，仔细观察或许可以从中找到惊喜。我们可以通过裁切和调整画面比例的方法变废为宝。

二次构图的流程

分析画面最精华的部分，重新进行构图，调整纵横比，进行裁切，并调整细节、明暗度、对比度等。

图 8-37 所示画面昏暗、杂乱。

通过观察和分析，我们找到适合的部分，并进行裁切，调整横竖比例和明暗度。画面有了前景，后面的植物为背景，层次感分明，画面也明亮了许多，如图 8-38 所示。

图8-37

图8-38

用二次构图增加vlog的景别

并不是只有废片才需要二次构图，优质画面也可以进行二次构图，使用画面呈现效果更优质。我们在拍摄 vlog 的过程中，也常常需要二次构图。例如，有的视频中的画面在拍的时候用的景别是全景或中景，如图 8-39 所示。

可是在剪辑的时候，我们想给这个部分再加上一个近景镜头，让视频镜头更丰富，但是又不可能再去重拍一次。这时我们只需要放大画面，将其调整到近景的镜头，适当地调整构图就可以了，如图 8-40 所示。

图8-39

图8-40

第三部分

打造爆款文案

第九章

爆款脚本

为什么要写脚本

很多新手博主觉得写脚本很麻烦，认为直接拿起手机或相机就开拍更省事。事实上拍视频并不是随心所欲的。一个爆款视频背后一定有一个经过全面打磨的脚本作为支撑。这一章我们将学习如何创作爆款脚本。

什么是脚本

我们平时常看的电影有脚本，短视频也有脚本。导演和演员们也正是跟随脚本才能拍出一部部精彩、顺畅、有逻辑的好剧。那么什么是脚本呢？简单来说，将视频文字化以后的框架就是脚本。

一个完整的脚本包含了以下要素。这些要素我们在之前的章节里基本讲过了，有了前面的基础，我们就可以正式开始脚本创作。

（1）镜号：拍摄镜头的顺序编号。

（2）景别：被摄主体在镜头中的范围大小。

（3）机位（角度）。

（4）拍摄场景。

（5）台词（文案）：人物的语言或者独白，也是整个脚本的灵魂。

（6）画面内容：通过切换景别和角度，用镜头组展现动作或情景。

（7）背景音乐和音效。

（8）时长：每个镜头需要占用的时间。

将以上八个要素组合起来，就是一个简单的可以随时开拍的短视频脚本了。下面我们以人物起床这一事件为例来说明。

镜号	景别	机位（角度）	拍摄场景	台词（文案）	画面内容	背景音乐和音效	时长（秒）
1	全景	侧面平拍	卧室（床）		人物睡觉		1
2	中近景	侧面平拍	卧室（床）				1
3	近景	正面俯拍	床头柜		手机闹铃画面	闹铃声	2
4	特写	俯拍	卧室（床）		眼皮动，眼睛睁开		1
5	中景	斜侧面30度角俯拍	卧室（床）		人物从床上缓缓坐起		1
6	中景	正面平拍	卧室（床）		人物掀开被子下床		2
7	特写	侧面平拍	卧室地面		脚踩地		1
8	近景	斜侧面平拍	卧室		人物走向窗户		1
9	中景	正面30度角仰拍	卧室窗户边		人物到窗边		2

只是一个简单的起床，立刻就拍出了高级感。如果没有脚本，而采用一镜到底，拍出来就会像平时的随手拍，毫无美感，也少了专业感和高级感。

脚本有多重要

通过上面的脚本，我们应该能非常直观地感受到脚本的强大作用了。具体来说，它的作用主要体现在以下几个方面。

1. 脚本能帮我们厘清拍摄思路

想象一下，如果不准备脚本，直接就开始拍，会怎么样？要知道每个 vlog 至少都要几十个镜头，更别提那些中长视频或者微电影了（成百上千个镜头和画面），如果拍摄的时候手边没有规划好的脚本，拍不了几个镜头，就会乱成一团，彻底失去方向。

2. 脚本可以帮助我们把握视频节奏和时长

短视频的时长一般在几十秒到几分钟不等。一个视频的时长，在写脚本的时候就可以控制好。如果没有脚本，我们很难把握每个镜头的时长，更难以把握整体的时长。

3. 脚本可以帮助我们提高拍摄效率

脚本就像一个提纲或者一座大楼的根基，有了它，我们只管往里面填内容，既不用担心偏离方向，也不用害怕出错，大大地提升了效率。

4. 脚本有利于后期剪辑

脚本已经规划和部署好了每一步，为后期的剪辑打好了基础。剪辑时也只需要依照脚本来操作，省时又省力，可以更好、更快速地把握视频的节奏。

爆款脚本的秘诀

决定视频成败的“开头生死3秒”(9种欲罢不能的开头)

有很多博主觉得很委屈：明明自己的视频内容很有质量，为什么完播率那么低？其实这种问题基本都是由于博主没有重视开头的“生死 3 秒”造成的。

观看者在刷视频时，面对海量视频，不可能耐心地把每个视频都看完，他们是否会看完整个视频基本取决于开头的 3 秒。

只有用这 3 秒留住观看者，才能有机会展示后面的内容。那么如何才能优化开头 3 秒，以下几个方法可以借鉴。

1. 问题法

可以正面提问也可以反问，引起观看者思考。

例如：

（1）下岗宝妈如何在 35+ 逆袭？

（2）什么？你还在用这种过时的抹布？

2. 悬念法

引起观看者强烈的好奇心，吸引观看者想紧跟视频内容一探究竟。

例如：

（1）我是如何在 30 岁时从普通打工人到年薪百万的。

（2）技校毕业的女朋友，收入是我的 6 倍。

3. 共情法

与观看者拉近距离，建立共鸣和认同感。

例如：

（1）你也跟我一样，深受抑郁症的折磨吗？

（2）你能体会到被亲妈勒索是什么感受吗？

4. 痛点法

只有戳中观看者的痛点、弱点，观看者才会愿意买单。

（1）你是不是天天补水，皮肤还是干燥卡粉？

（2）孩子不爱看书怎么办？以下 3 个妙招帮你解决。

5. 对比法

将两种不同状态进行对比。

例如：

（1）从小镇摆烂少女到畅销书作家，我做对了什么？

（2）油腻大叔如何营造清新少年感？

6. 数字法

使用数字进行对比或强调。

例如：

（1）600 元一支的口红到底有多好用？

（2）20 天，10 万好评，它是怎么做到的？

7. 名人效应法

名人自带流量效应，要合理利用。

例如：

（1）连天王巨星都爱用的面膜，有多神奇？

（2）知名主持人用这 3 个方法教出学霸孩子。

8. 说反话法

正话反说，对比强烈。

例如：

（1）答应我，千万别穿这个背心？我怕你舒服到不想脱。

（2）这家酸菜鱼真的有毒！

9. 干货法

进行某个领域的知识和经验总结。

例如：

（1）读书博主教程来了！ 5步教你做可以变现的读书博主。

（2）拍视频必须知道的 9 种构图方法。

10. 颠覆认知法

以突破常识、他人意想不到的方式吸引观看者。

例如：

（1）万万没想到，博士毕业的我被外卖小哥上了一课。

（2）这些甜蜜的爱情里藏着对人性的控制。

本书中只示范最常用的方法和技巧，如果你还有新的创意和想法，也欢迎链接本书作者进行补充。

结尾引导关注、评论、下单或引流

有了好的开头和内容，提升了完播率，就绝不能在结尾处功亏一篑。有时候观看者看完视频可能就忘了，这时就需要巧妙地提醒一下对方，好的结尾可以成功引导观看者关注、评论、下单或引流。

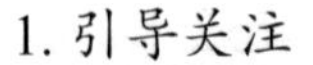

1. 引导关注

（1）我是阿良，一个有20年家装经验的家装设计师，关注我，帮你避坑省钱。

（2）我是桃气，每天一个读书小方法，跟我一起变优秀。

2. 引导互动

（1）对此你还有哪些建议，欢迎在评论区留言。

（2）关于拍视频你还有哪些疑问，可以给我留言，有问必回。

3. 引导下单

（1）更多优惠和折扣，点击右边直播间。

（2）宠粉价仅限今天一天，一年仅一次的福利，抓紧机会啊！

脚本的3步拆分法

我们在创作脚本时，一定会遇到不知从何下手这样的窘境。下面我们来讲解三步拆分法，可以让我们快速厘清拍摄思路和顺序。

第一步：将整个内容拆分为若干件小事。

将一个视频拆分成若干个动作，如拍早起读书vlog，可以将其拆分成起床、洗漱、吃早餐、阅读、做笔记这5件小事。

早起读书	1	2	3	4	5
	起床	洗漱	吃早餐	阅读	做笔记

第二步：将每件小事拆分成几个动作。

我们以起床为例，可以拆分成人物躺床上—人物睁开眼睛—人物下床—走向卫生间这 4 个动作。

起床	1	2	3	4
	人物躺床上	睁开眼睛	人物下床	走向卫生间

那么阅读这件事呢，可以拆分为人物走向书桌—人物从书架选书—人物坐下—人物翻书—人物阅读，这 5 个动作。

读书	1	2	3	4	5
	走向书桌	从书架选书	人物坐下	人物翻书	人物阅读

第三步：将其中的重要动作拆分为若干景别。

人物做的每一个动作，在拍摄时也不能采用一镜到底的方式，如在本章开头，我们讲到的“起床”这一事件中每个动作的景别拆分。“闹铃响起”这个次要镜头只需要一个镜头就可以说明，而下床这一重要动作可以拆分为以下几个景别。

下床	1	2	3
动作	掀开被子	下地	整理被子
景别	全景 / 斜侧面俯拍	中景 / 正面平拍	特写 / 侧面平拍
时长（秒）	1	2	1

脚本模板

镜号	拍摄场景	机位（角度）	台词（文案）	画面内容	背景音乐和音效	时长（秒）
1						
2						
3						
4						
5						
6						
7						
8						
9						

快去脚本模板里填写你的内容吧，从现在开始你也可以写出爆款脚本了！

第十章

成为选题达人

在一条爆款视频中，选题的重要性占据了七成，笔记内容只占了三成。选题如果没做好，内容再优秀都不会达到预期的效果。可见好的选题对于一个视频是多么的重要。那么如何才能找对选题，达到事半功倍的效果呢？本章中我们将讲解如何根据自己的账号定位做出爆款选题。

选题的基本概念

什么是选题

选题是指博主所创作的内容主题或主要内容方向。选题是内容的基础，根据选题来决定笔记分享的信息、观点、故事和经验。好的选题能够增加内容的曝光和互动，引发用户关注。

选题不仅仅是话题，它包括以下几个方面。

1. 主题

主题指选题所涵盖的内容领域，如果你是时尚博主，那么你的选题可以是以下主题：品牌推荐，搭配技巧，闺蜜出街，场景搭配，路人穿搭改造，流行趋势解读，穿搭教程。

2. 角度

同样的主题，以什么样的角度切入才会引人入胜？如果你的主题是穿搭教程，那么你切入的角度可以是如何使用同一件连衣裙在工作和约会等不同场合快速营造出不同的氛围感，也可以是同一件白衬衫如何在不同季节进行组合搭配。

3. 表现形式

有的选题适合用视频的形式创作，有的选题适合用图文的形式创作。所以我们在做选题的时候就需要明确这个选题适合哪一种表现形式。

4. 价值点

你的选题是否具有一定的价值，这些价值包括但不限于如下内容：

知识分享：如“提升自律和行动力必看 5 个 TED 演讲”。

情绪价值：如“失去爱情后，你将迎来开挂人生”。

干货技巧：如“专治各种不会写文案，50 个文案 App，快速写出好文案，博主日更的秘密”。

5. 受众群体

你想吸引哪种类型的粉丝，就贴合这类粉丝的喜好和需求进行创作。考虑受众群体可以让你的定位更加精准。只有定位精准，你的受众群体才会与你积极互动，为你的内容买单。

6. 独特性与创意性

你的选题决定了你的内容和其他博主内容的不同，人云亦云会降低你的辨识度。具有创新思维才会让用户充满期待。时代发展不断变化，独特的创意才能保证我们的作品紧跟潮流。

例如，同样是美妆领域，可以将不同星座性格与其对应的妆容结合做出如下创意：双子座多元灵气妆容、狮子座法式浪漫妆容。

7. 结合趋势

做选题需要紧跟热点与新闻。时效性强的选题可以引来更多的互动和关注度。例如，电影《长安三万里》上映后，掀起了一波全民学习历史和诗词的热潮，第一时间发布相关选题的内容，出爆款的概率会大大增加。

选题的重要性

做选题与不做选题，差别有多大？

我们以美食博主和读书博主为例来说明做选题和不做选题的区别。

1. 美食博主

我们经常会看到美食博主发一些关于烹饪美食的视频，可是并没有什么点击量。抛开视频质量不谈，首先这类视频给人的印象就是博主在正式拍摄之前没有认真做选题。今天做一个炒土豆丝，明天做一个麻婆豆腐，没有什么新意。用户刷到后一般会立刻划过。

那么在做选题的情况下，博主会设定一个非常明确并富有个人特色的主题，如二胎妈妈放学后的快手菜谱分享，结合了个人人设、受众群体和价值点等，很快就能得到很多人的回应。

在做选题后，视频内容更丰富、更有深度了，不但给用户提供了美食烹饪技巧，还带领用户进入了一个情感丰富的世界，为用户提供情绪价值，还可以引发用户的讨论，一举多得。

2. 读书博主

近几年各自媒体平台涌现出了一大批读书博主，读书是一个很有发展前景的领域，由于人们对于精神和知识的追求是持续存在的，所以它永远不会过时。

说读书博主做起来简单它也简单，无非就是讲书、分享书单；说它难也难，因为大多数人都倒在了选题这一步。

有的博主随便拿起一本书就开始讲这本书的内容。有的博主会根据时下的热门话题来选择要讲的书，将二者结合起来，立刻就具有了时效性和话题热度，快速引发用户的关注和讨论。

例如，在电视剧《平凡的世界》热播时，我做了一个关于路遥先生的视频，讲述路遥先生的不平凡人生——“平凡的世界背后的血泪故事”；三国题材的影视剧上市后，关于曹操的视频也很快引发了用户的讨论，如“曹操的白月光——蔡文姬”；电视剧《白鹿原》播出后，我以女性视角切入，出了一个相关视频，“白鹿原——封建时代对女性的恶意大集合”，也引起了粉丝对于这一话题的热烈讨论。

做选题3大原则

有的选题明明很有新意，也很有爆款潜质，但是坚决不能做。任何事情都要有规则和底线，我们做自媒体也一样，需要遵循一些原则。

1. 符合账号定位人设

博主的创作内容要尽可能地符合本人人设。如果你是一个以拍农家生活为主的创作者，就要给用户呈现农家生活的内容。如果忽然改变自己的风格，换上性感装扮，会让用户感到奇怪和不适应。

2. 符合平台调性和规则

平台明令禁止的行为一定不要做，不要去触碰平台的底线。搞对立煽动情绪这种事情最好不要有。一个专业的博主是不会在这方面浪费时间的，而且这样做也会导致内容不能通过审核。在人家的地盘玩，就要遵守人家的规则。

3. 专业、诚信

在自己所在的领域做选题，将自己的专业性发挥到最大，让粉丝对你充满信任。在获得信任之后，也要对自己的内容和粉丝负责，交付的产品要尽最大限度满足用户需求。

建立独一无二的爆款选题库

选题的6大渠道来源

如何才能拥有源源不断的选题？有些博主每次都抓耳挠腮想半天，却还是不能切中要害。靠自己一个人的力量去做选题根本是天方夜谭，既不科学也不现实。

既然做博主，我们肯定是想要将内容呈现给广大用户的，所以用户关注什么我们就做什么内容。那么用户关注的内容都在哪里呢？我们可以从以下 6 个方面来挖掘。

1. 热点新闻、明星、热点人物、热梗

抖音可以从以下几个途径获取：抖音热榜、热门话题。

小红书可以从以下途径获取：创作者中心—灵感笔记或小

红书热榜。

2. 关键词搜索

在抖音和小红书分别搜索“美食”，我们可以看到许多相关的子话题。

3. 用户需求

在做选题时，选择与用户兴趣、需求密切相关的选题。用户需要什么内容，就往这个方向去呈现。例如，对想通过合理饮食达到减脂目的的用户，美食博主可以给出减脂菜单；对想通过读诗词提升个人气质的用户，读书博主可以推荐此类书单。

4. 个人经验和技巧分享

博主通过总结个人经验和技巧并进行分享，向用户传递实用的信息。需要注意的是，博主在分享过程中要罗列要点，以易于理解和便于操作的方式分享给用户。

5. 平台活动

平台为了鼓励创作者，会不定期举行各种活动。参与这些活动的博主既可以获得流量还可以获得官方的扶持和关注。我在刚入驻小红书时参加了人文艺术季的活动，获得了第一名的成绩（见图 10-1），后来又在侦探文学研读计划中上榜。同时，我在一个月内成功起

图10-1

号第二个账号“桃气”，以分享短视频拍摄、剪辑技巧为主要内容，也参加了小红书平台的“数码好视频”等活动。

6. 节假日

每个节假日背后都有相关的文化背景、经济效益和流量。博主可以将自己的领域结合节假日做选题，例如，美食博主可以结合情人节做出创意蛋糕，读书博主可以在母亲节推荐亲子类或与母亲相关的读物。

6种选题方法

1. 追踪热点的方法

（1）关注热点新闻。同一件新闻事件，不同领域的博主会有不同的解读。例如，发射航天器，人文类博主从宇宙星辰和史诗角度切入；科技博主从内部结构讲解；女性博主从女宇航员的个人成长展开；健身博主揭秘宇航员的训练方法。

（2）关注明星、热点人物。明星们的风吹草动都直接影响自媒体流量。“明星”两个字自带流量光环。如某知名人士的孩子斩获国际大奖，读书博主可以做“某某为孩子选择这样的亲子绘本”的选题。

还有一些网络热点人物，引发了人们对一些社会问题的关注，如外卖小哥为救人跳下大桥受重伤。追踪这样的热点人物背后的故事也有利于攫取流量。

（3）热词、热梗。网络上会出现一些热词，如 emo、内卷、花园里面挖呀挖等。博主可以将这些热词、热梗结合自己的领域，做出爆款选题。

2. 组合法

组合法是指将不同的元素、概念、话题、赛道、热点、情绪等进行组合，可以得到无数种令你惊喜的方案。

（1）赛道＋热点：盘点那些家暴中女性反抗的小说。

（2）赛道＋年龄＋身份：40+ 三宝妈如何健康减脂。

（3）赛道＋场景＋数字：居家健身的 5 大技巧。

（4）赛道＋干货：手机如何拍出高级感 vlog。

（5）干货＋情绪：一本让我笑出鹅叫的历史书。

3. 追踪自己的爆款

如果你刚好有一条视频获得了很不错的反响，成为一条小爆款，那么不要等待。抓住这个难得的机会，以最快的速度制作一条相关视频，可以是续集，也可以是对上一条爆款的说明。

爆款笔记本来就受到了高度关注，所以还会有持续的关注度，趁热打铁，会有意想不到的效果。

4. 颠覆认知

颠覆认知的选题方法被证明是非常吸睛的方法。它挑战了人们对传统思维的看法，从而引发讨论和思索。

例如，我们都认为要靠运动才能减肥，可是有博主提出“不运动减脂 30 斤”，就会在第一时间引起用户的好奇心。

又如，“不用背诵，也可以出口成章”，颠覆了人们认为的背书有助于提升口才的传统观念，迅速吸引了一批围观者。

5. 找共鸣

找共鸣是指通过讲述个人故事，分享个人经历、职场困

惑、两性情感等内容，建立与用户的联系。找共鸣的特征是你的情绪点同时也是很多人的心里话，你说出了别人想说却没说出来的话；你替这些人表达了真实感受，让他们的情绪得到了极大的释放和认同。

通过这些共鸣，用户不仅可以从中获取情绪价值，还可以获取一些实用方法来改善自己的处境。

6. 从母话题中挖掘子话题

如果母话题是“坚持自律带来的变化”，那么子话题可以是以下选择：“35+ 开始自律一年，爆发式成长”；“学渣做对这 5 点，掌控时间轻松上岸”；“小镇摆烂青年，挑战 30 天改变自己”。

如果母话题是“吃饭交友”，那么子话题可以是如下选择：“一份 50 块的甜品让我和男友说拜拜”；“一次高端饭局带来的百万收益”；“中关村海归相亲约饭的宝藏店铺”。

3个维度快速建立选题库

1. 即时选题库

即时选题也可以称为临时选题、突发选题。即临时出现一些热门话题时，就要抓住机会，用最短的时间马上出一个相关的视频。

这个视频对质量要求没那么高，只需要简短地说明事件，再加上一点自己的想法，就会在第一时间攫取第一波流量。

还有一种情况，如果上一个视频是爆款，那么就要紧跟这个爆款，立刻创作相关视频，接住上一个爆款视频的流量，保持其余温。

2. 常规选题库

常规选题是选题库中占比为 80% 的重头戏，它代表着一个账号的主要价值和内容，也展示了博主的专业程度。如果你是读书博主，那么你需要做的常规选题包括但不限于以下几方面内容：书评和好书推荐；经典作品解析；作家、作者介绍；书单推荐；读书方法；新书、热门书点评。

如果你是美食博主，那么你的常规选题库包括但不限于以下几方面内容：烹饪技巧；美食故事；应季菜品；主题菜单；地域美食；美食文化。

将这些常规选题与前面讲到的选题方法相结合，就可以变化出更多的选题，将它们罗列在你的选题库中，这样就永远不用担心灵感枯竭。

3. 合辑选题库

我们平时可以有计划地建立一些系列选题库，把同一个类别的选题归类到一个合辑中。例如，读书博主可以建立悬疑作品合辑、历史人物合辑、女性成长合辑等；美食博主可以建立产后女性减脂餐合辑、亲子早餐菜单合辑、甜品合辑、餐具推荐合辑等。

这样，用户在想看这一类作品的时候就会直接收藏合辑。合辑具有系统性，对博主的综合知识度要求较高，对博主的专业性要求也很高，同时，也容易提高粉丝黏性。

作为一名博主，平时需要大量积累选题，有好的创意和想法，或者看到相关的话题，都可以结合自己的灵感随时记录在自己的选题库里。有了这样的积累，在每次做视频之前都不用再去苦苦思索拍什么内容了。

选题库模板

<table>
<tr><th></th><th>方向</th><th>母选题</th><th>子选题</th><th>备注</th></tr>
<tr><td rowspan="5">即时选题</td><td></td><td></td><td></td><td></td></tr>
<tr><td></td><td></td><td></td><td></td></tr>
<tr><td></td><td></td><td></td><td></td></tr>
<tr><td></td><td></td><td></td><td></td></tr>
<tr><td></td><td></td><td></td><td></td></tr>
<tr><td rowspan="6">常规选题</td><td></td><td></td><td></td><td></td></tr>
<tr><td></td><td></td><td></td><td></td></tr>
<tr><td></td><td></td><td></td><td></td></tr>
<tr><td></td><td></td><td></td><td></td></tr>
<tr><td></td><td></td><td></td><td></td></tr>
<tr><td></td><td></td><td></td><td></td></tr>
</table>

第四部分

剪映让剪辑更简单

第十一章

剪映的基础操作

剪映的剪辑功能非常强大，越来越多的自媒体博主都对它青睐有加。对自媒体从业者来说，剪映的剪辑效果不输于其他任何一个剪辑 App，同时，它的优点是非常适合新手上手。

目前同类的剪辑 App 还有 Final Cut、Adobe Pro 等，它们比剪映复杂一些，不太适合新手。其实对于自媒体博主来说，剪映做出来的效果已经足够好了，并且电脑版剪映完全可以制作和剪辑出专业级别的高清视频。

在本书中我们以手机版剪映为例来演示。

操作界面

打开剪映，我们首先看到的是初始界面，屏幕中间的“+”号是“开始创作”按钮，屏幕下方是制作后保存的本地草稿文件，如图 11-1 所示。

图 11-1

在剪辑视频过程中若不小心退出了，系统也会自动保存，非常安全、贴心，所以不用担心不小心退出会丢掉文件。

点击“开始创作”按钮后，选择一个视频素材，按“添加”按钮导入该素材，如图 11-2 所示。点击该素材进度条可以选中此素材进行编辑，如图 11–3 所示。

图11–2　　　　图11–3

为了方便大家理解，我们从上往下开始讲解。

位于屏幕最上方的是视频分辨率设置，点击“1080p”按钮，会弹出一个小屏幕，如图 11–4 所示。

在这里我们可以看到几个数字。从理论上来说，分辨率越高，视频越清晰，画质越细腻，同时占用的内存就会越大。但是我们平时不需要设置到最高的 4k，只需要设置为 1080p 就可以了。如果选择 4k，视频导出后画面会被压缩，反而会很模糊。

帧率是每秒播放的图片数量，帧率越高，画面越流畅，我们选择 30 帧或 60 帧都可以。

现在我们回到操作主屏幕，可以看到在屏幕的中间有个三角形按钮，这个是“播放”按钮，可用于预览制作好的视频，如图 11-5 所示。

图11-4　　图11-5

“播放”按钮的右边是“关键帧”按钮（见图 11-5），非常重要和实用，我们在后面会单独用一章来讲解它。

如图 11-6 所示，方框中是“全屏预览”按钮，全屏预览时只可以观看，无法进行编辑。

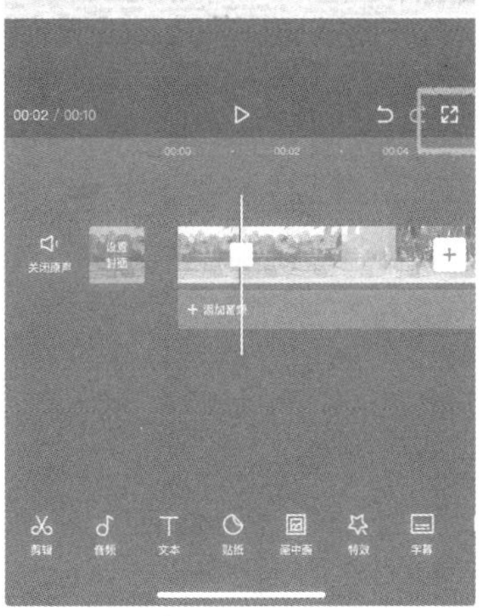

图11-6

导入与输出

点击“开始创作”按钮，选中需要导入的视频素材，默认添加视频到主轨道。

如果想继续添加新的视频片段，按“+”按钮进入素材管理界面，选中视频素材后点击“添加”，如图 11-7 所示。在添加新视频的时候，代表播放进度的时间轴所在位置，决定了新添加的视频的位置。时间轴位于上一段视频前 1/2 位置时，新添加的视频会添加到上一段视频的前面；时间轴位于上一段视频后 1/2 位置时，新添加的视频会添加到上一段视频的后面。

需要特别强调的是，在编辑视频之前，即在拍视频的时候，就要确定好视频画面的比例，是竖屏还是横屏。否则剪辑的时候，横竖屏无法兼容。

我们平时看的影视剧都是横屏，抖音、快手平台是竖屏，小红书平台横屏、竖屏都可以，B 站平台几乎都是横屏。

视频编辑制作的最后一步是视频导出。在这一步，我们可以将分辨率设置为 1080p，将帧率设置为 30 帧或 60 帧，然后点击“导出”按钮即可，如图 11-8 所示。

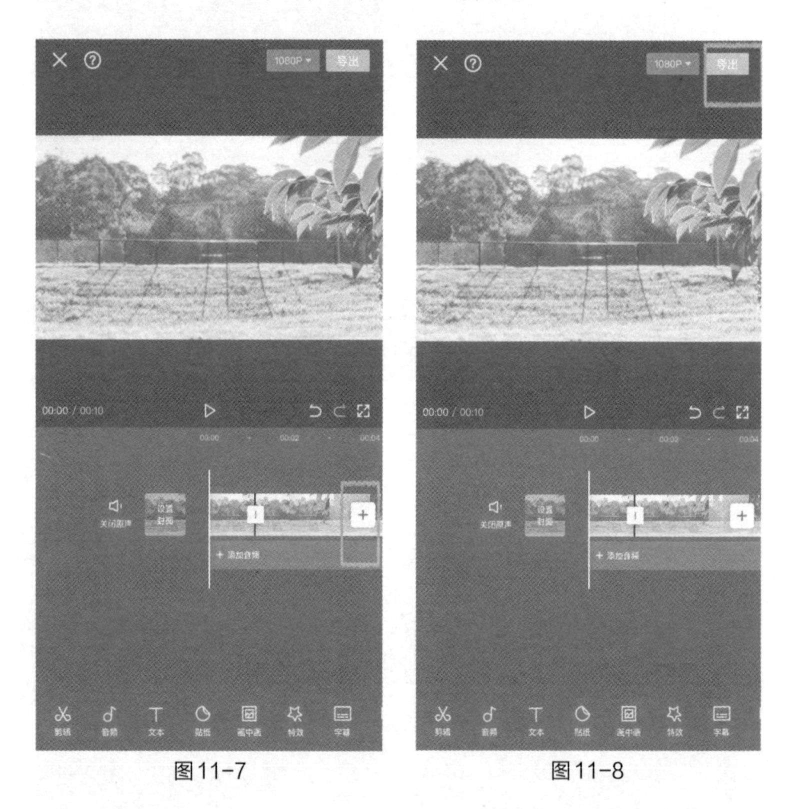

图11-7　　图11-8

只需要等待几秒钟，视频便会自动保存到手机的相册里。

视频的基本编辑

现在我们开始视频编辑。导入一个视频素材后，在屏幕的最下方，我们可以看到一行工具栏，如图 11-9 所示。

点击“剪辑”按钮（见图 11-10），或者直接点击视频片段，便可选中该片段进行编辑。此时，下方出现“剪辑”的子工具栏，如图 11-11 所示。

移动视频片段到需要分割的位置，然后点击“分割”按钮，则该视频被分割成两段，如图 11-12 所示。

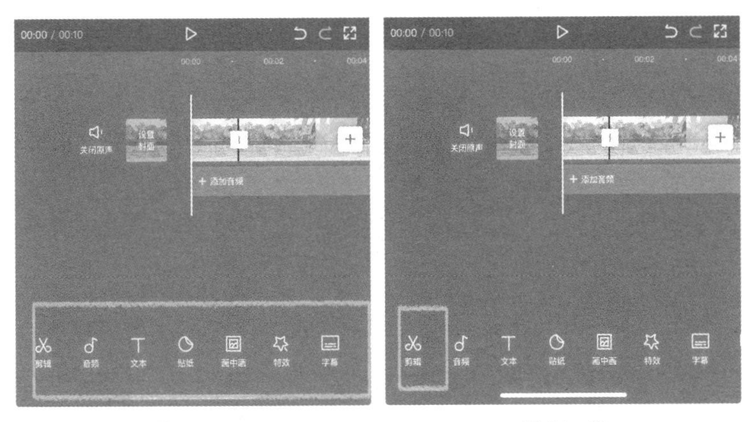

图11-9　　　　图11-10

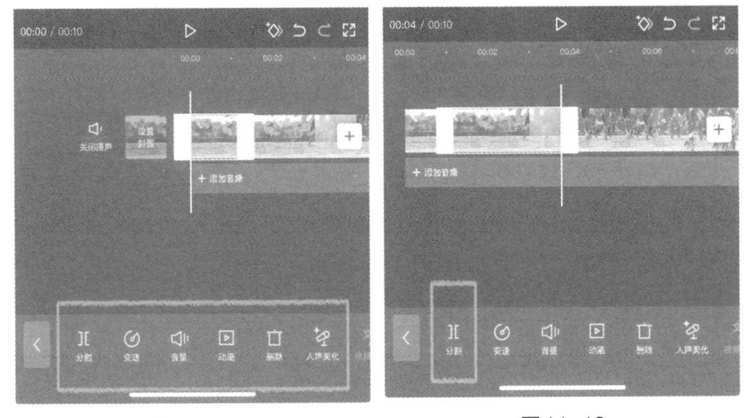

图11-11　　　　图11-12

变速功能可以改变视频的播放速度。我们先来看常规变速，如图 11–13、图 11–14 所示。1x 是视频原本的播放速度，往左滑动按钮播放速度会变慢，往右滑动按钮播放速度会变快。

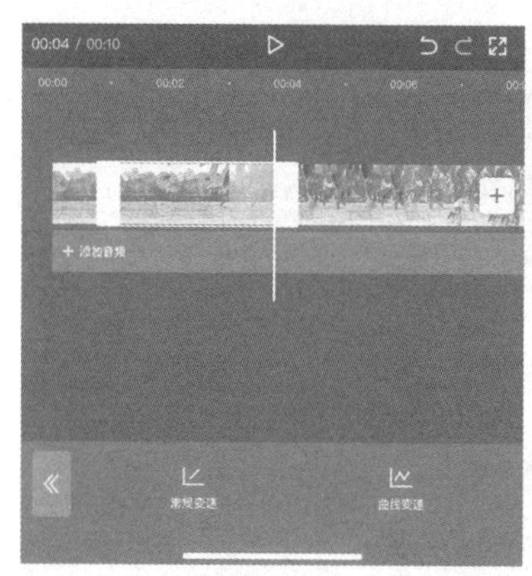

图11–13

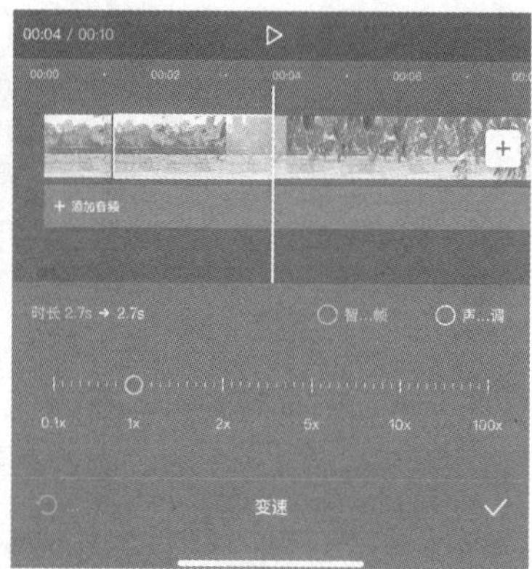

图11–14

曲线变速可以自定义视频播放速度，即可以改变视频中的任何一个部分的速度，如图 11–15、图 11–16 所示。拖动节点上下移动，向上拉动节点速度加快，向下拉动节点速度减缓。

对美食博主来说，这个操作非常实用，可以对饮料、牛奶、咖啡等液体做处理，给观看者一种十分享受的感觉。

音量是控制所选视频的整体音量的大小，如图 11–17 所示。向左滑动调节按钮音量越来越小，向右滑动调节按钮音量越来越大，如图 11–18 所示。

点击“编辑”按钮，可以对所选视频进行镜像、旋转、调整大小等操作，如图 11–19、图 11–20 所示。

点击“不透明度”按钮，如图 11–21 所示，可以对所选视频的不透明度进行调节，还可以做倒影等效果。

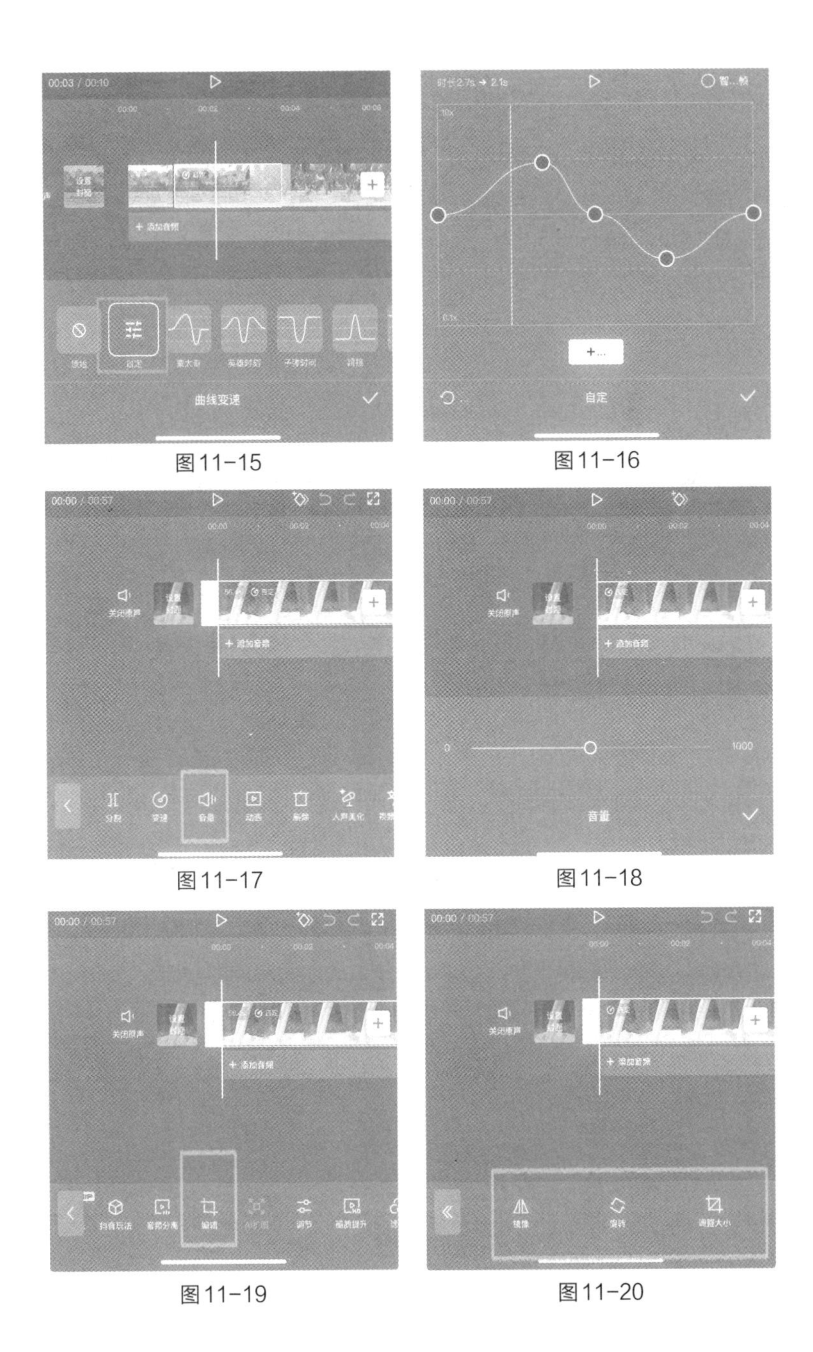

图11-15　图11-16

图11-17　图11-18

图11-19　图11-20

点击“复制”按钮可对选中的视频进行复制，如图 11-22 所示。

点击“倒放”按钮可对选中的视频做倒放处理，如图 11-23 所示。

点击“定格”按钮可对选中的视频进行抽帧，如图 11-24 所示。

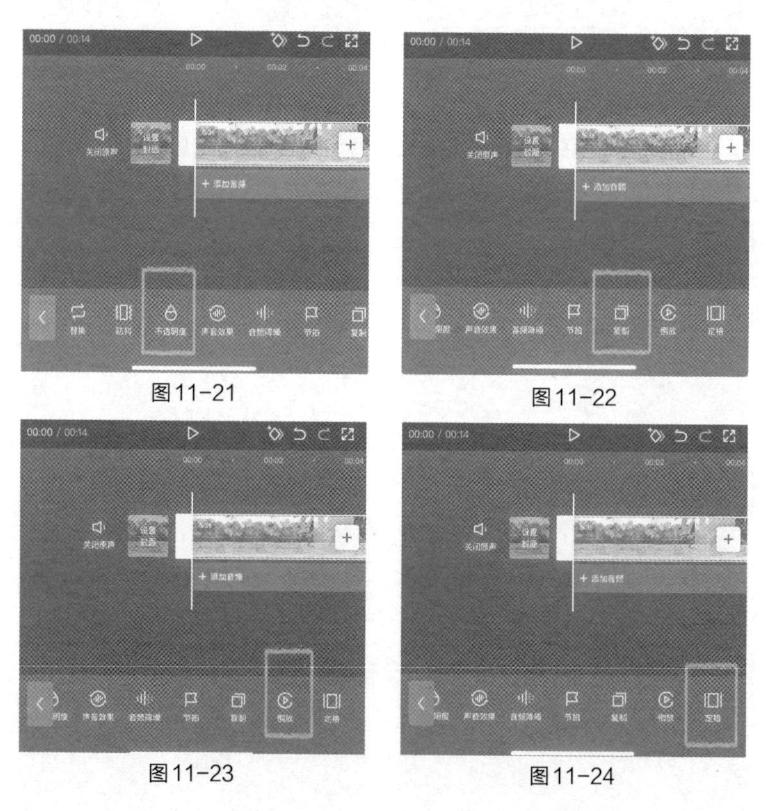

图11-21　图11-22

图11-23　图11-24

这一章我们只讲了剪映中的部分基础功能，还有一些重要的工具和功能，我们会在后面的章节里详细地讲解。

第十二章

玩转剪映中的字幕功能

剪映为我们提供了丰富的字幕功能，我们可以通过剪映在视频中轻松地添加文字、标题和字幕，以增加信息传达效果和视觉效果。本章我们来学习使用剪映中的字幕功能。

给视频添加字幕的两种方法

直接输入文本文字

在导入一个视频素材后，我们会在操作界面底部的工具栏看到“文本”按钮，点击“文本”按钮，则出现“文本”的子工具栏，如图 12-1、图 12-2 所示。

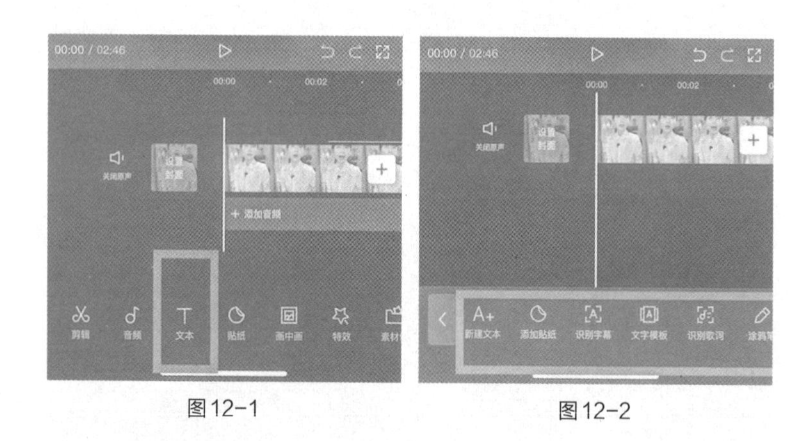

图12-1　　图12-2

现在我们要为视频添加字幕，选中“新建文本”按钮，在文本框中输入文字即可，如图 12-3、图 12-4 所示。

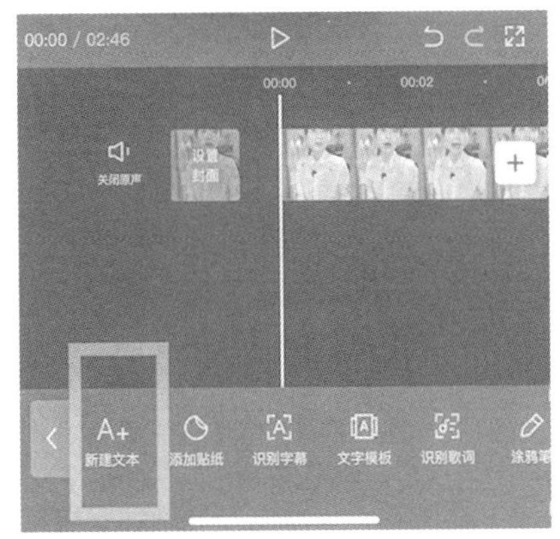

图12-3

图12-4

语音转换文字

如果视频中的人物有大段台词，我们一个字一个字去输入就太麻烦了。这时我们可以用到一个高效工具——“识别字幕”，只需要几秒钟就可以自动将视频中的语音转换为文本，并自动排列到和语音相对应的位置，可以大大地节省剪辑时间。

点击“识别字幕”按钮（见图 12-5），即可对视频中的语音进行识别，字幕将自动出现在屏幕上，并可对字幕进行批量编辑。

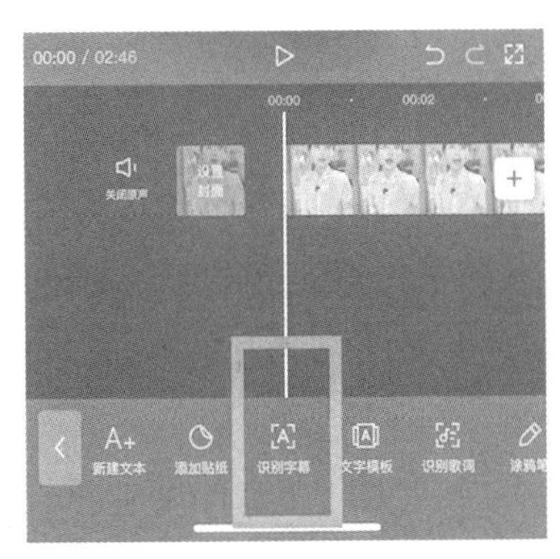

图12-5

字幕的多种变化

现在我们知道了添加字幕的方法，接下来我们将进一步学习如何对字幕的字体、大小、颜色、出场方式、动画效果、位置、时间等进行更丰富的变化和编辑。

文字编辑基本功能

选中文本框，进入文字编辑界面，出现子工具栏“字体、样式、花字、文字模板、动画”等，如图 12-6 所示。

图12-6

点击“字体”按钮，会出现几十种热门字体供我们选择，如图 12-7 所示。

点击“样式”按钮，可以对文字的颜色、字号、字间距、透明度等进行调节，如图 12-8 所示。

点击“花字”按钮，可以直接选择现成的样式，非常方便，花字也常用来作为标题样式，如图 12-9 所示。

点击“文字模板”按钮，可以直接套用适合各种场合和节日的文字模板，如图 12-10 所示。

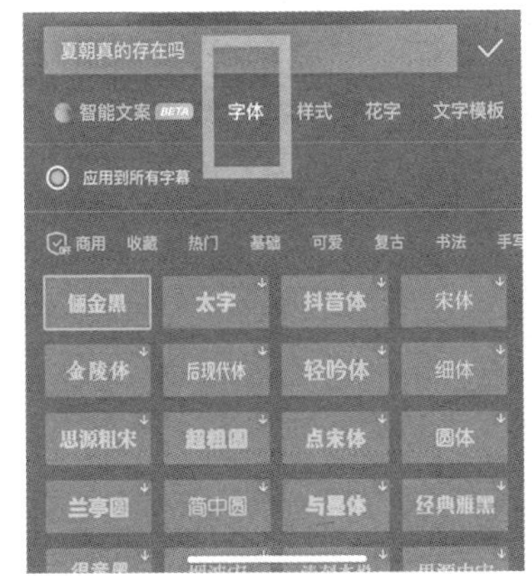

图 12-7

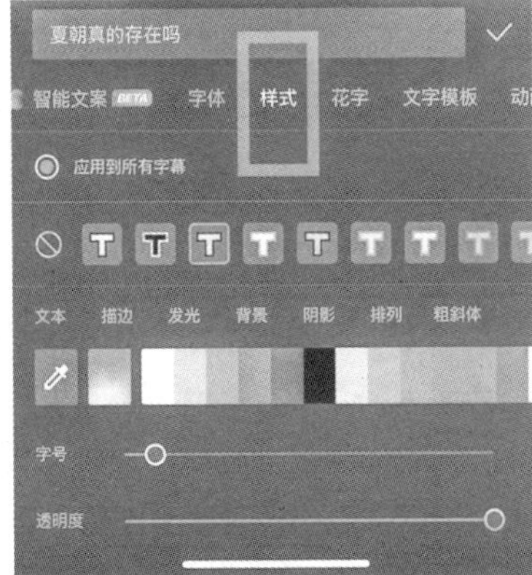

图 12-8

图 12-9

图 12-10

文本的动画效果

文本的动画效果是指在“新建文本”子工具栏的最后一项“动画”的下方，可以设置“入场”“出场”和“循环”3 种模式的效果。

文本的入场和出场是指文字进入和离开场景的方式。如图 12-11、图 12-12 所示，在文本进入画面时，先选择“入场”按钮中的“甩出”模式，则文本以“甩出”的动态模式进入画面，然后选择“出场”按钮中的“打字机”模式，则文本以“打字机”的动态模式退出画面；底部的红色和蓝色进度条分别用于调节入场和出场的速度。

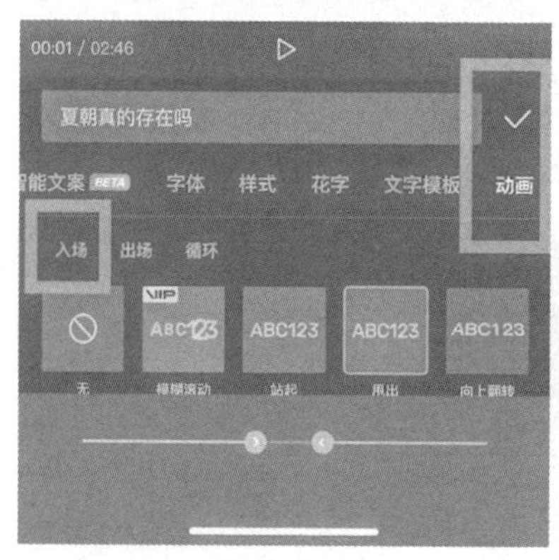

图12-11

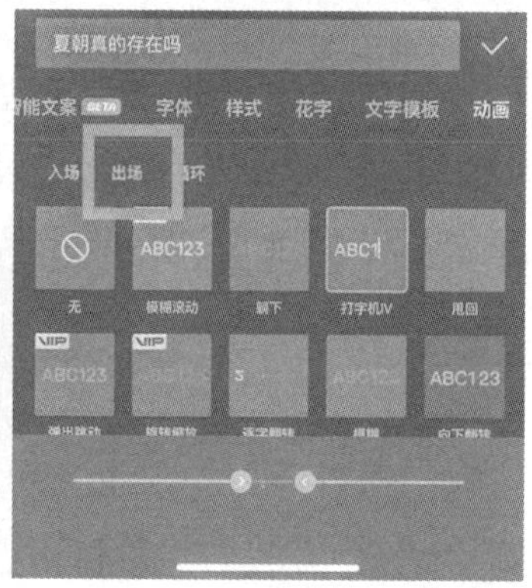

图12-12

在视频编辑过程中，为文本添加动画效果，可以大大增强画面的活跃度，吸引观看者的注意力，提升整体的视觉吸引力。动态的文字让视频充满了创意和活力。

字幕的组合用法

我们已经掌握了字幕的各种基本用法，那么在实际应用的过程中，这些用法也可以相互交叉使用。

在同一帧画面里，各层字幕样式和形态可以自由组合，形成一个丰富的字幕组，极大地增强了观赏性。

例如，我们想做如图 12-13 所示的视频字幕，该如何操作呢？

图12-13

这幅画面上的字幕是通过多层字幕叠加出来的。点击“新建文本”按钮，输入文本“真的存在吗”；选择“花字”；再次点击“新建文本”，输入文本“夏朝”；选择字体和样式，将两段文本长度拉到一致长度；选择“添加贴纸”按钮，选择适合的贴纸。

这样，一个多样化的字幕组合就完成了。

当然，也可以加上入场动画和出场动画，让字幕过渡得更自然。

字幕的多样化组合使视频的画面信息量增大，画面内容变得丰富，更能抓住观看者的注意力。

封面字幕

视频中的字幕做好后，我们还需要对视频的封面进行编辑，小红书的浏览机制是根据封面来进行选择的，所以封面决定了第一印象。我们可以通过以下途径来进行封面字体的编辑。

点击“设置封面”，下方会出现“封面模板”“添加文字”“封面编辑”3 个选项，如图 12-14 所示。

封面模板

点击“封面模板”会出现很多热门的封面模板类型供使用者选择。选择其中一个模板，并输入我们自己的文本，即可生成封面，如图 12-15、图 12-16、图 12-17 所示。

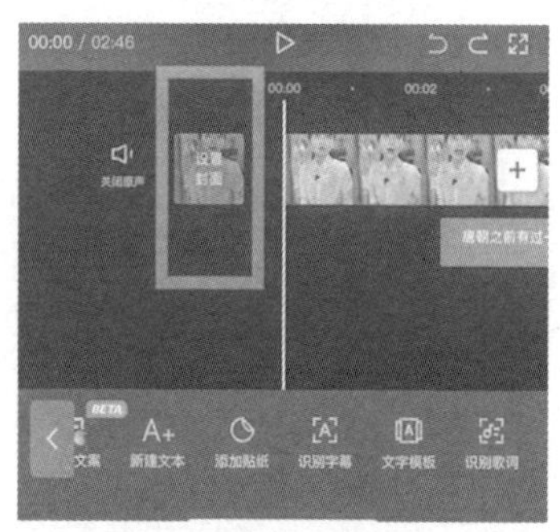

图 12-14

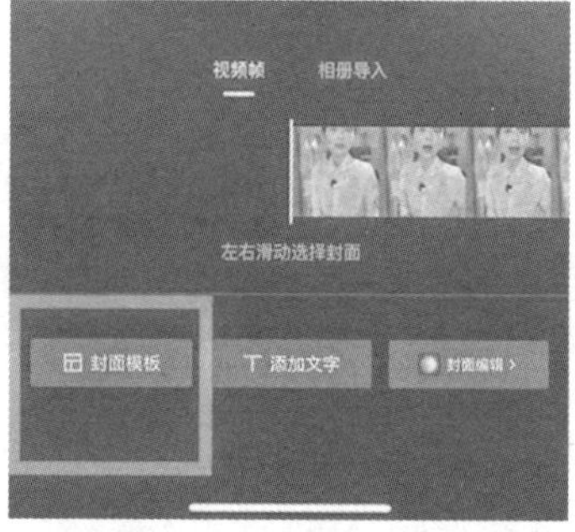

图 12-15

图 12-16

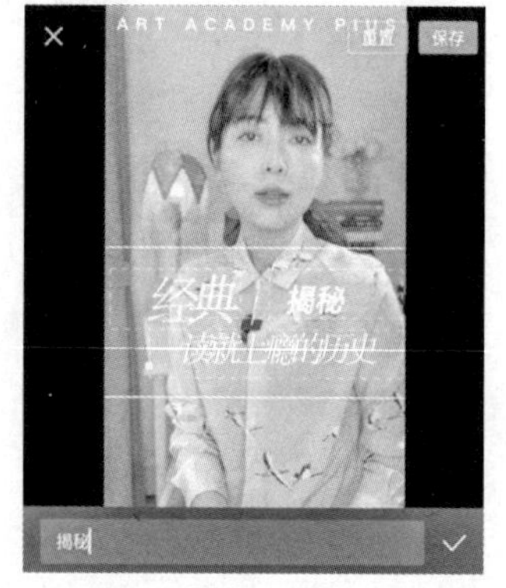

图 12-17

这些封面都是经过设计的，只要选择好风格，就基本不会出错。

添加文字

选择“添加文字”按钮，按前文的步骤添加文字，再选择字体、样式就可以了，但要注意，字体和画面颜色要有区分，如图 12-18、图 12-19 所示。

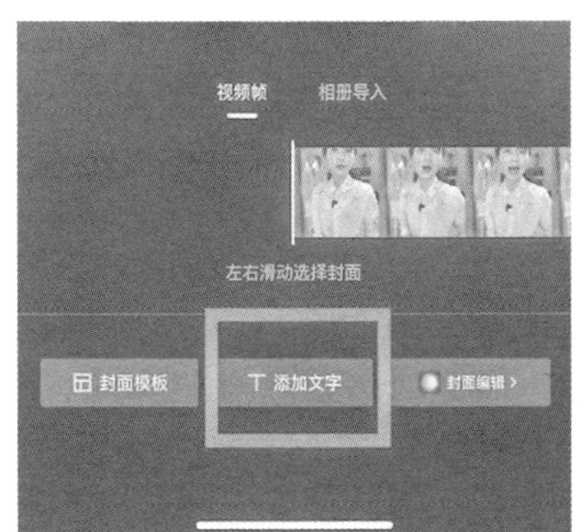

图12-18

图12-19

封面编辑（醒图）

点击“封面编辑”按钮（见图 12-20），剪映会跳转到醒图，醒图是剪映旗下的一款图片处理 APP，可以对图片进行编辑。

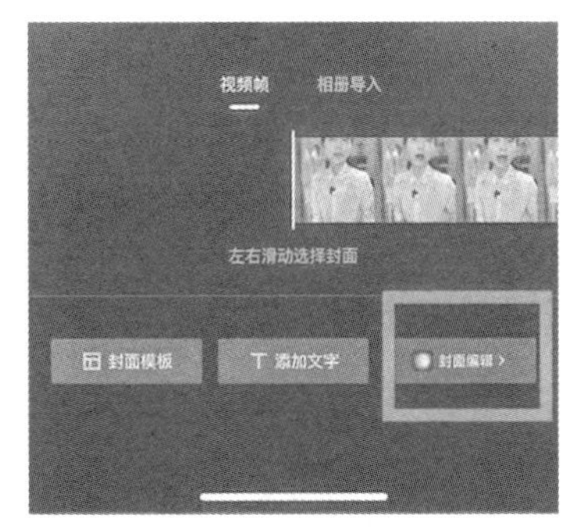

图12-20

在醒图中，我们可以自由添加文字或选择文字模板，并可对画面进行调色处理。

第十三章

音乐与音效的使用

我们常常会因为一段走心的配乐而对视频产生兴趣。如果选对了音乐和音效，那么视频会营造出浓烈的氛围感并引起观看者极大的情感共鸣。

音乐是视频故事情节的重要环节，音乐的变化要和情节的走向保持一致，两者之间的轻重缓急互相对应，会大大增强整体情节的张力。所以，选择匹配的音乐会使视频效果锦上添花。

在这一章里我将带领大家学习如何正确运用剪映配乐和使用音效。

需要注意的是，未经授权的音乐可能会导致版权问题，所以在选择音乐的时候最好选择可以商用的音乐或购买音乐的版权。

音乐素材的基本操作

对音乐进行添加、切割、删除、挪动等操作

导入一个视频素材，在操作界面下方选择“音频”按钮，或者直接在视频素材下方选择“添加音频”按钮，则下方出现“音频”的子工具栏，如图 13-1、图 13-2 所示。

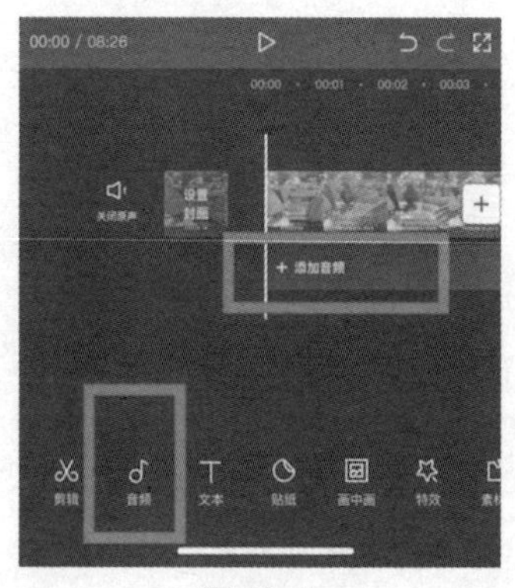

图13-1

选择“音乐”按钮（见图 13-3），来到剪映自带的

音乐库，在“推荐音乐”下方选择喜欢的音乐，点击“使用”按钮（见图 13-4），音乐自动添加到视频素材下方，如图 13-5 所示。

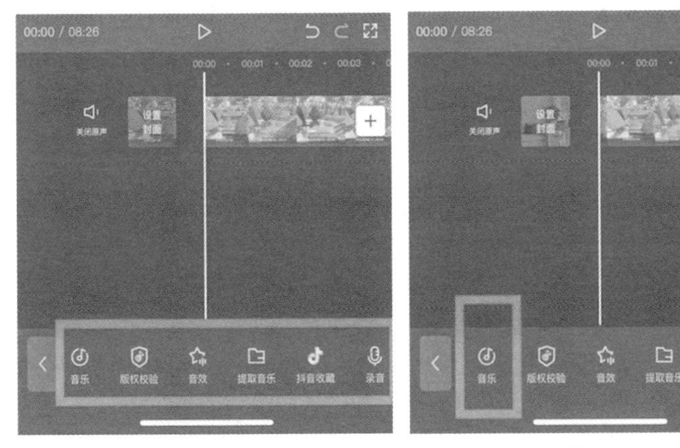

图13-2　　图13-3

图13-4

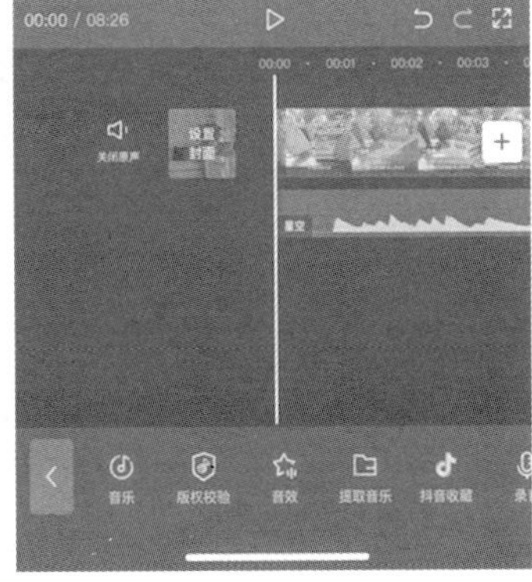

图13-5

如果音乐的长度超过了视频的长度，我们可将进度轴移动到视频的最后，并点击选中的音频素材，如图 13-6 所示。

在下方工具栏选择“分割”按钮，则分割线后的音频素材被自动选中，如图 13-7 所示。

点击下方工具栏的“删除”按钮，则后半部分音频被删除，如图 13-8 所示。

这时，视频素材与音频素材就被裁减到了同一长度，如图 13-9 所示。

如需移动位置，则按住素材不放即可随意挪动该素材。

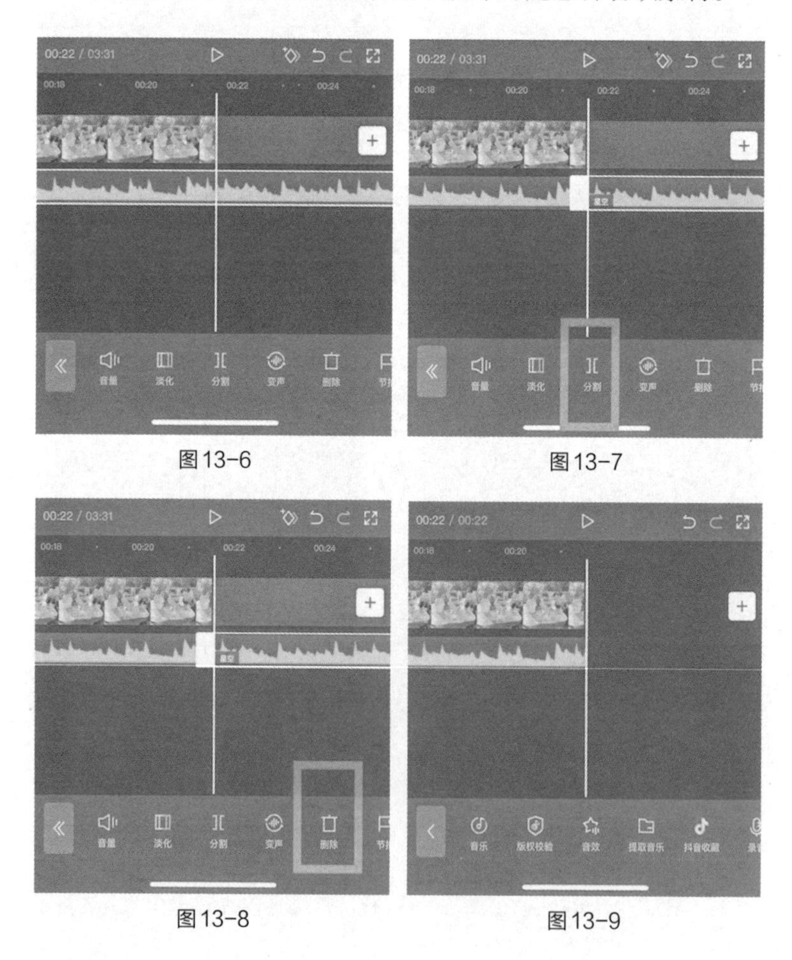

图13-6

图13-7

图13-8

图13-9

淡入淡出

淡入淡出设置可以让声音的开始和结束更加自然。

分割好音乐后，末尾部分的音乐有可能听起来结束得很突兀，这时我们可以使用“淡化”工具来调整。

选中音频素材，点击界面底部的“淡化”，调整淡入时长和淡出时长，如图 13-10 所示。

向右滑动调节钮，选择淡入时长，音乐在这个时长内音量由小到大；选择淡出时长，音乐在这个时长内音量渐渐变小，最终很自然地消失，如图 13-11、图 13-12 所示。

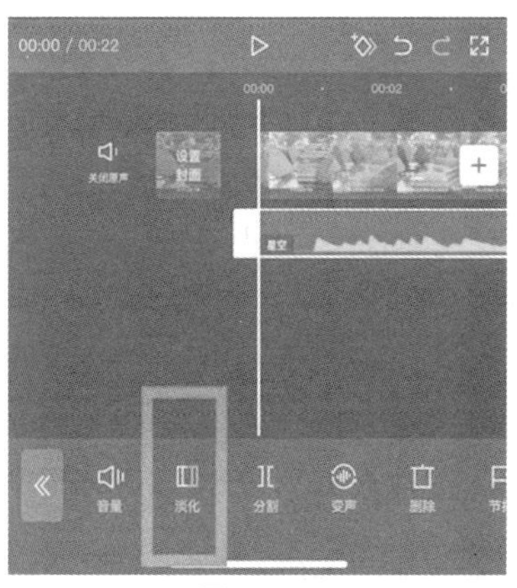

图 13-10

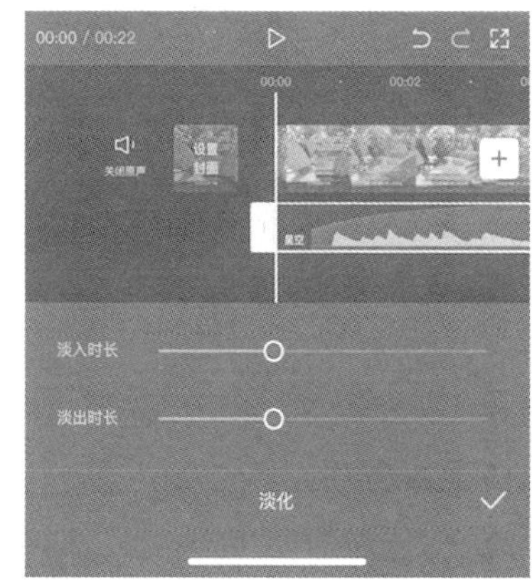

图 13-11

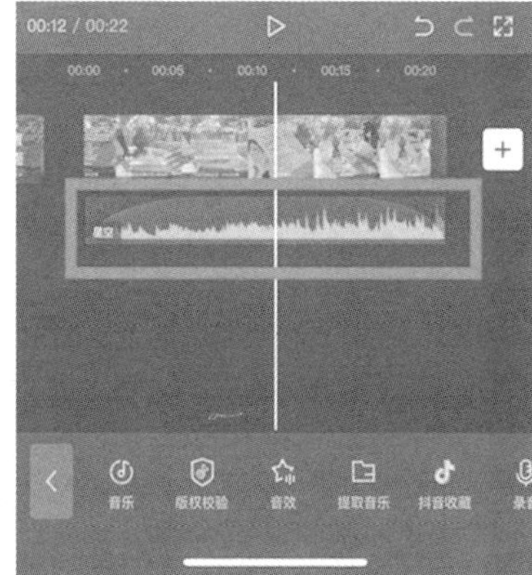

图 13-12

寻找背景音乐的5种方法

新手博主在制作视频的时候，常常苦于找不到合适的音乐，就算是找到了也不知道如何添加到自己的剪辑界面中。下面将为大家介绍寻找背景音乐的 5 种方法。

剪映自带的音乐库

剪映作为一款成熟的 App，自带了丰富的音乐，并且非常贴心地将音乐库分为各种类别，如浪漫、旅行、卡点音乐、纯音乐、国风、美食等。用户在视频编辑过程中可以直接从这个音乐库中选择，如图 13-13 所示。

图13-13

搜索关键词

音乐库的每一种分类下都有数百首音乐，如果一首一首去听，会浪费很多时间，而且也不一定能正好契合我们的需求。这时，我们也可以通过搜索关键词精准、快速地找到我们想要的音乐。此方法适用于所有音乐网站，如图 13-14 所示。

如果你还是不知道怎么精准地找到关键词，可以根据以下关键词去寻找。

场景类可搜索的关键词可以是早起、户外、工作、婚礼、散步、商场、菜市场、办公室、机场、车站。

图13-14

国风类关键词，可以根据乐器来搜索，如琵琶、古筝、笛子、埙等；也可以根据朝代来搜索，如清朝、宋朝等。

青春类可搜索的关键词如励志、梦想、热血、奋斗等。

情感类可搜索的关键词可以是治愈、伤感、欢快、慵懒等。

欧美风可搜索的关键词可以是爵士、法式、英伦、美式乡村等。

酷炫类可搜索的关键词如劲曲、热舞、电音、卡点音乐等。

抖音收藏/收藏

我们平时在刷抖音的时候，会经常听到一些好听的音乐，可以点击下方碟片（见图13-15），点击收藏（抖音收藏）。随时可以获取热门音乐，不用再到处找和下载。

收藏好的音乐会直接添加到剪映中的“抖音收藏”里，如图13-16所示。进行视频编辑的时候直接选择就可以了。

在使用剪映自带的音乐库时，也可以随时收藏喜欢的音乐到收藏夹中，如图13-17所示。

图13-15

图13-16

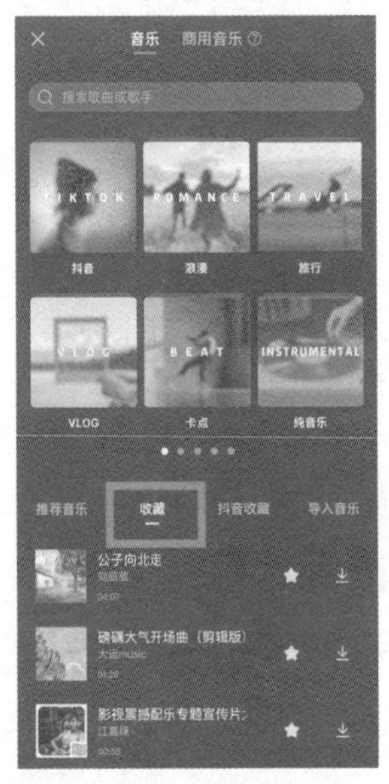

图13-17

图13-18

导入链接

在别的平台听到喜欢的音乐，只需要将音乐的链接复制、粘贴到剪映中即可，如图 13-18 所示。

提取视频音乐

在别的视频中听到好听的音乐，但是无法复制链接，也不能收藏怎么办？我们可以将视频下载到手机里（如果该视频不能下载，可以录频并保存到手机相册中）。在“音频”下点击“提取音乐”按钮（见图 13-19），选中该视频，点击“仅导入视频的声音”即可。

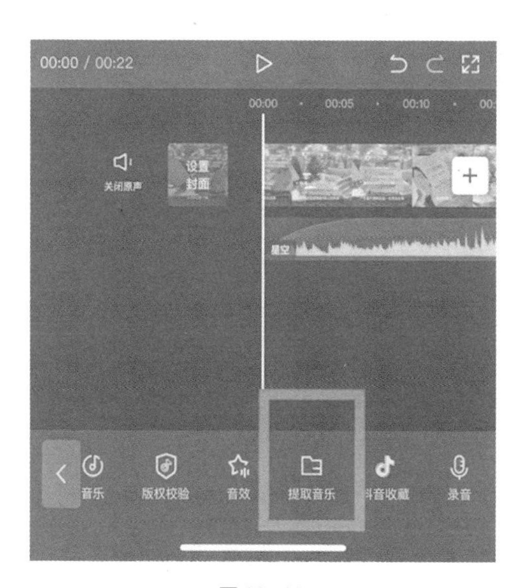

图13-19

音乐卡点视频怎么做

打开剪映，点击“开始创作”。

导入几个视频素材，如图 13-20 所示。

导入一段卡点音乐素材，如图 13-21 所示。

图 13-20　　图 13-21

选中音轨中的音乐，点击“节拍”按钮，如图13-22所示。

点击“自动踩点”按钮，如图 13-23 所示。

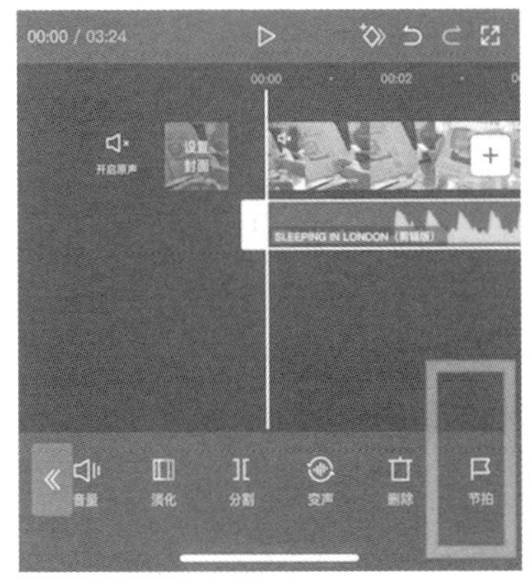

图13-22

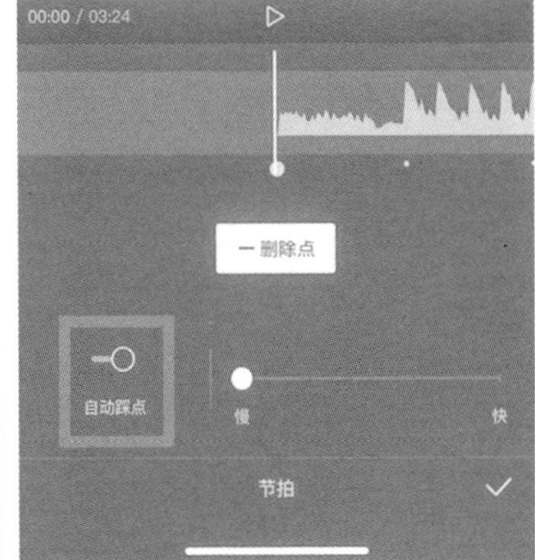

图13-23

这里有快、慢两种节拍，选择慢节拍，音频轨道中的音频素材会自动加上了许多黄色小点，根据要保留视频的时长，选择合适位置的黄色小点，将进步条对准黄色小点后，点击视频轨道，点击“分割”按钮，再点击“删除”按钮，如图13-24、图13-25所示。

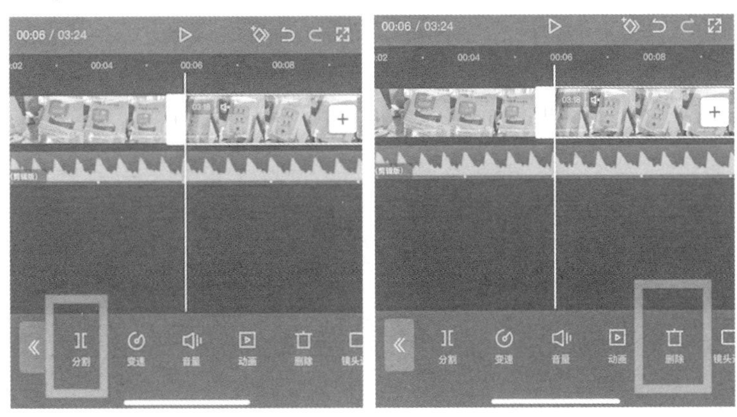

图13-24　　图13-25

后面的视频片段按前述方法进行相同的操作。

如果想让视频素材之间过渡得更自然，可以选择“转场”（点击两段视频中间的白方块），点击“叠化”按钮，然后选择“应用全局”，如图 13-26 所示。这样，一个节奏感满满的卡点视频就做好了。

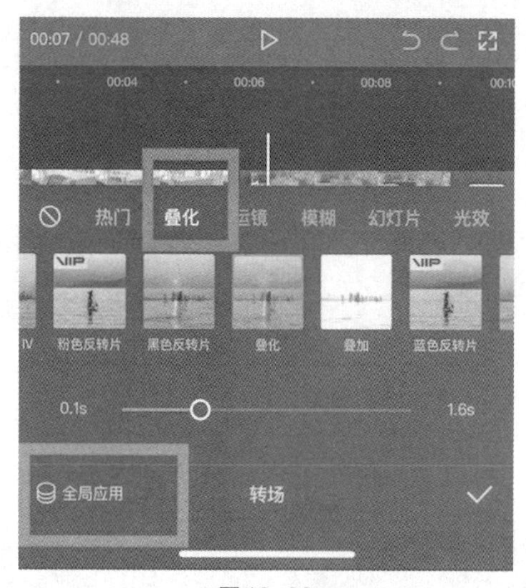

图 13-26

音效

音效的魅力

在影视作品中，常常用声音表达特定的效果，用于增强内容的真实感和氛围营造，这就是音效。

音效通过环境音，如风声、雨声、人声（如哭声、笑声）

或者场景声（如走路声、打斗声）等，可以给观看者带来身临其境的体验感。

8大常用音效

（1）描述天气环境的音效，如风声、雨声、流水声、蝉鸣声。

（2）交待地点的音效，如机场、地铁站、街道、闹市、车流声、叫卖声。

（3）传达角色的情感的音效，如哭声、笑声、叹息声。

（4）描述人物动作的音效，如脚步声、关门声、敲门声。

（5）游戏和悬疑片的音效，如悬疑声、提示声、魔法声。

（6）提升综艺感的音效，如欢呼声、掌声、计时声、恶搞声。

（7）用于转场的音效，如用于衔接不同场景和镜头的闪回音效与梦幻音效。

（8）品牌标识的音效，如某个品牌的专属音效，一听到这个音效，观看者就会想到某个品牌。

第十四章

为你的视频调出惊艳色彩

最终呈现在我们眼前的电影和电视剧，都是经过后期调色的。调色不仅可以提升画面的质感，也可以使整个作品具有统一的风格，更可以修复拍摄中的一些不足，如亮度过明或过暗、颜色过浓或过淡等。

没有经过调色的视频和调色后的视频的区别就像一个人素颜和化妆后的区别一样。调色就是神奇的化妆术，可以让你的视频焕发出无限的魅力和生命力。

调色的基本操作

要对一段视频进行调色，我们需要先导入一段素材，然后选择剪映操作界面底部的“调节”按钮来对视频进行调色，如图 14-1 所示。“调节”的子工具栏里还包括了亮度、对比度、饱和度、光感、锐化、高光、阴影、色温、色调等具体的调节工具，如图 14-2、图 14-3 所示。

我们选取一些最常用的调节工具来跟大家一一说明其作用。

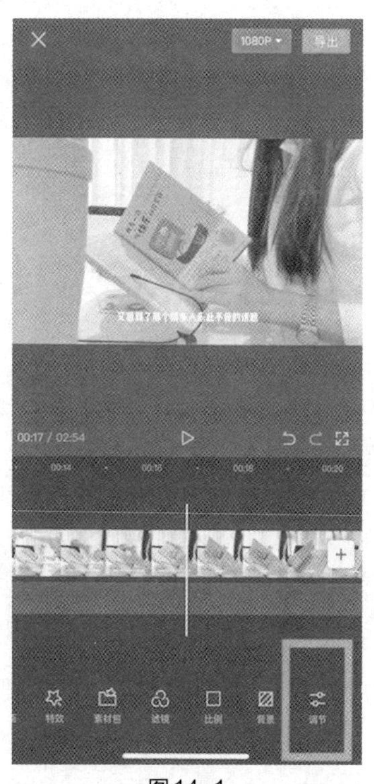

图14-1

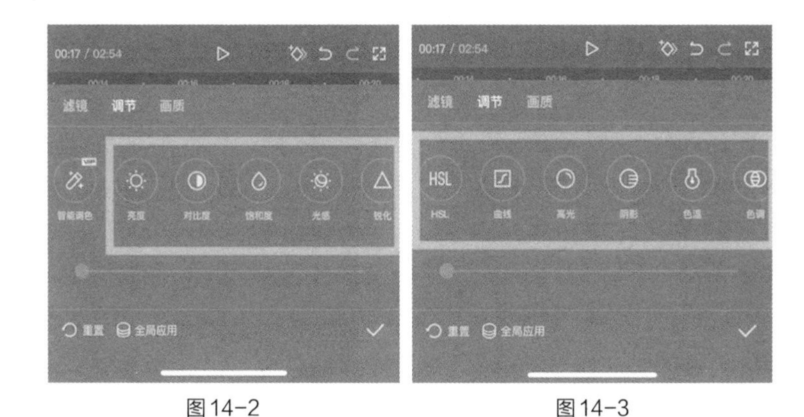

图14-2　　　　　　　　　　图14-3

（1）亮度：指画面整体的明暗程度。向右拖动调节按钮，调亮画面；向左拖动调节按钮，调暗画面，如图 14-4、图 14-5 所示。

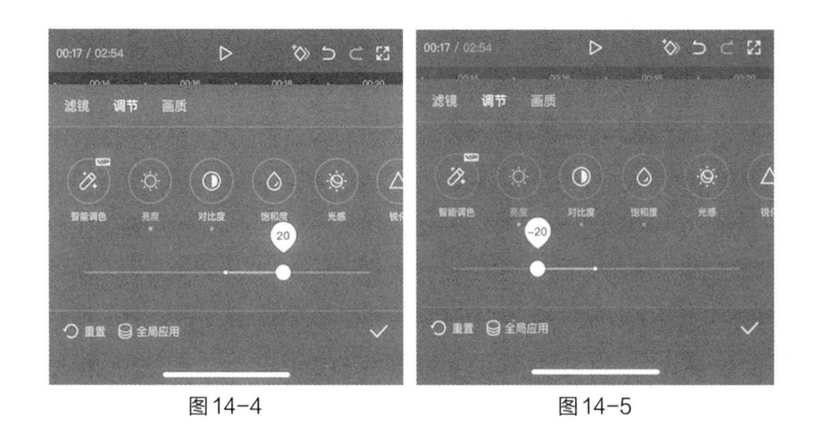

图14-4　　　　　　　　　　图14-5

（2）对比度：指画面明和暗之间的反差度。如图 14-6、图 14-7 所示，向右拖动调节按钮，数值越大，画面中亮的部分越亮，暗的部分越暗，反差增大；向左拖动调节按钮，数值越小，亮的部分越暗，暗的部分越亮，反差减小。

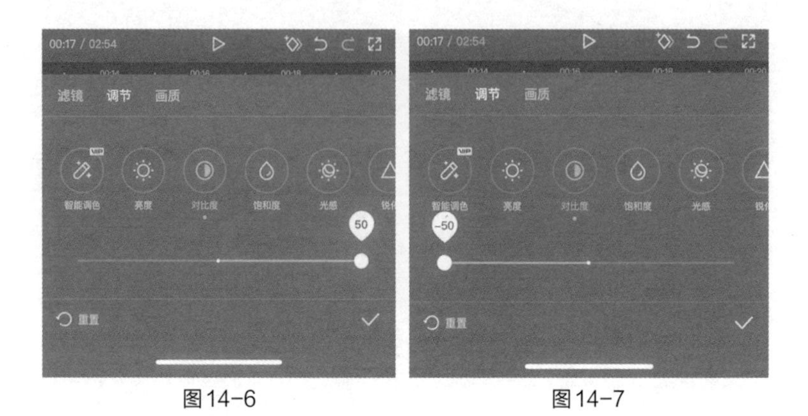

图14-6　　图14-7

（3）饱和度：指画面中色彩的鲜艳程度。如图 14-8、图 14-9所示，数值越大，颜色越鲜艳；数值越小，颜色越暗淡。

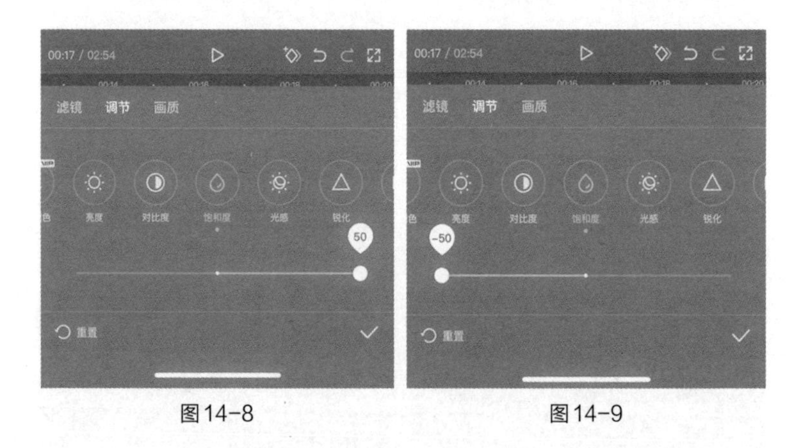

图14-8　　图14-9

（4）光感：指画面内部的结构亮度，调整光感可以使画面更加自然，如图 14-10、图 14-11 所示。

（5）锐化：指画面中轮廓的细致程度，数值越高轮廓越明显，画面越清晰，如图 14-12、图 14-13 所示。

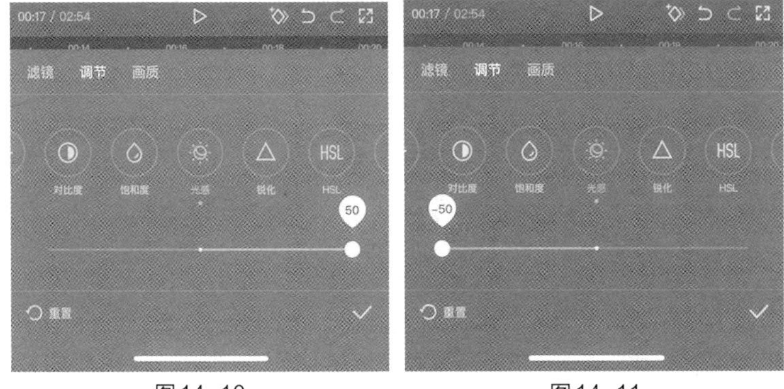

图14-10　　图14-11

图14-12　　图14-13

（6）高光：指画面中最亮的部分。数值越大，高光越亮，数值越小，高光越暗，如图 14-14、图 14-15 所示。

（7）阴影：指画面中最暗的部分，数值越大，阴影部分越灰，如图 14-16、图 14-17 所示。

（8）色温：指画面的冷暖。如图 14-18、图 14-19 所示，向左滑动调节按钮，画面越偏蓝色，画面色调看起来越冷；向右滑动调节按钮，画面越偏红，画面色调看起来越暖。

图14-14

图14-15

图14-16

图14-17

图14-18

图14-19

（9）色调：指画面的基本色调，向左滑动调节按钮画面发绿，向右滑动则画面发红，如图 14-20、图 14-21 所示。

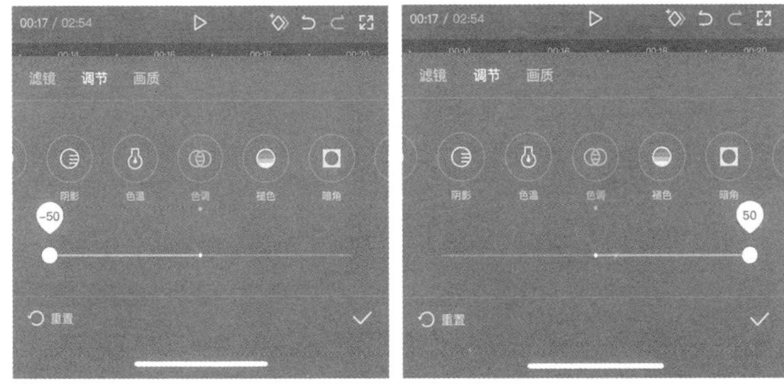

图 14-20　　　　图 14-21

（10）褪色：与饱和度相反，数值越大颜色越不鲜艳。

（11）HSL：在 HSL 中，我们可以在不改变其他颜色的情况下，只对其中一种颜色进行单独调节。如果只想提高蓝色的饱和度和亮度，那么就选择蓝色，将下方的饱和度和亮度调高即可，如图 14-22、图 14-23 所示。

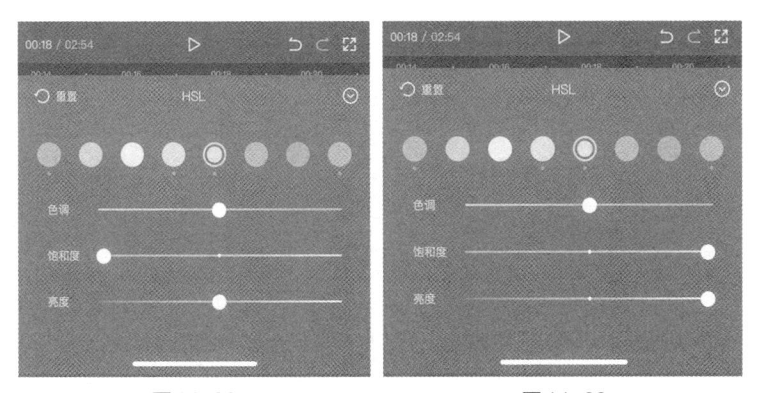

图 14-22　　　　图 14-23

案例：人像调色，调出质感冷白皮

为什么别人的视频看起来清新透亮，我们制作的视频却黑乎乎的？跟着下面的步骤，你也可以轻松调出清爽视频。

（1）导入一段颜色发黑、发黄的视频，如图 14-24 所示。

（2）点击“剪辑”按钮，在其子工具栏中选择“调节”按钮，将亮度调到 15，如图 14-25 所示。

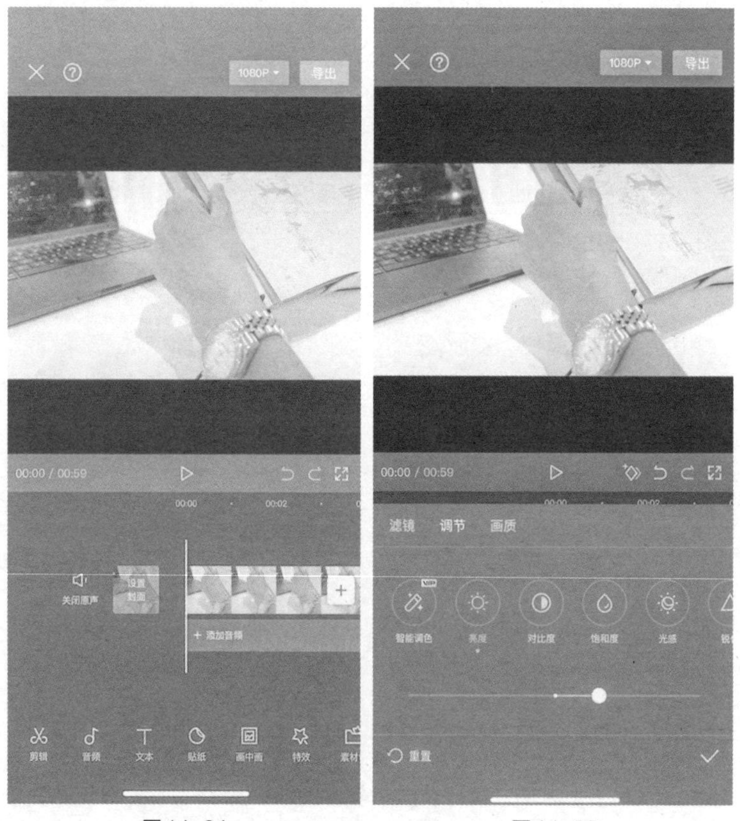

图14-24　　图14-25

（3）将对比度调到 8，如图 14-26 所示。

（4）将饱和度调到 8，如图 14-27 所示。

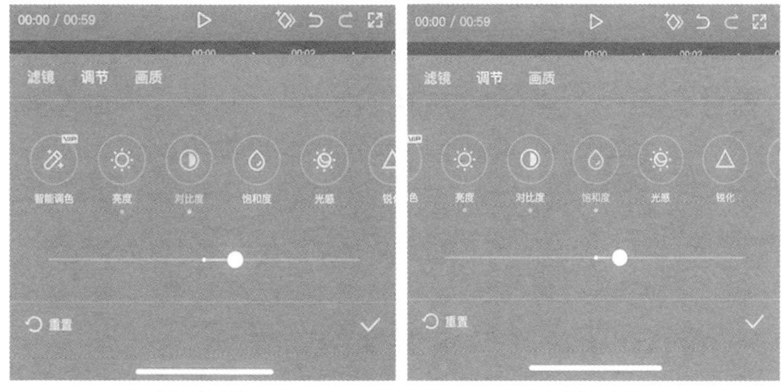

图 14-26　　　　图 14-27

（5）将光感调到 5，如图 14-28 所示。

（6）将锐化调到 60，如图 14-29 所示。

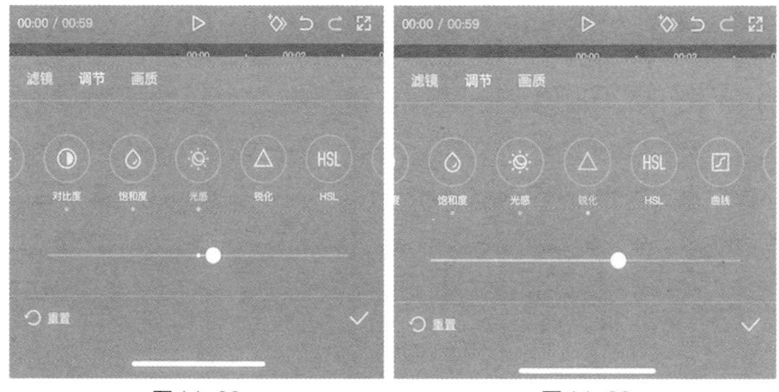

图 14-28　　　　图 14-29

（7）在 HSL 中点击橙色按钮，将饱和度降低到 -25，将亮度提升到 25，如图 14-30 所示。

（8）将色温调到 -6，如图 14-31 所示。

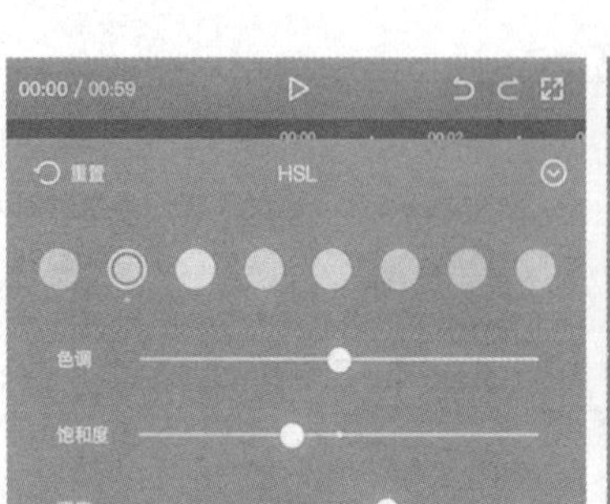

图14-30

图14-31

（9）将色调调到 -6，如图 14-32 所示。

此时，对画面的调节已经基本完成了，如果还想达到更清透的效果，可以加入滤镜，如选择“人像”滤镜，调整到适合的数值，如图 14-33 所示。

图14-32

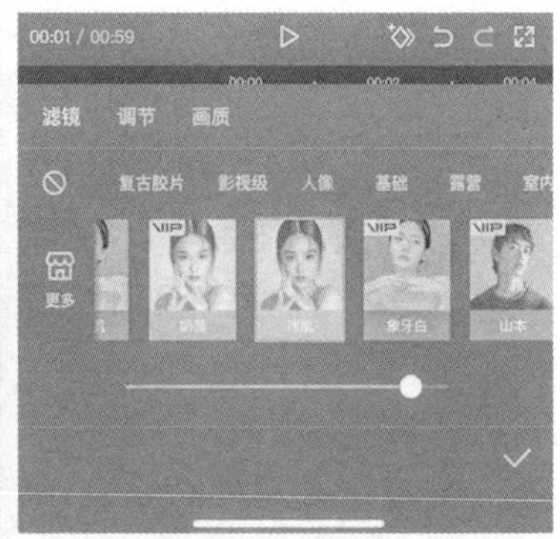

图14-33

剪映自带几十种滤镜，可以直接套用，非常方便。当滤镜调不出我们想要的效果时，就需要我们来手动调色了，效果会更精准、更惊艳。在剪辑的过程中，我们可以像上面的示例一样，将“调节”与“滤镜”结合使用，会更加高效。

第十五章

画中画的多重变身

画中画，顾名思义，画中有画，是指一个画面叠加到另一个画面中。添加的画面可以是图片，也可以是视频、文字、贴纸、特效等。

我们可以通过画中画这个工具极大地丰富视频的内容，制作出很多有趣的、意想不到的视频效果。

画中画的基本操作

在剪映中，添加画中画有两种方法。

第一种添加画中画的方法：导入主视频，点击“画中画”按钮，点击“新增画中画”按钮，如图 15-1、图 15-2 所示。

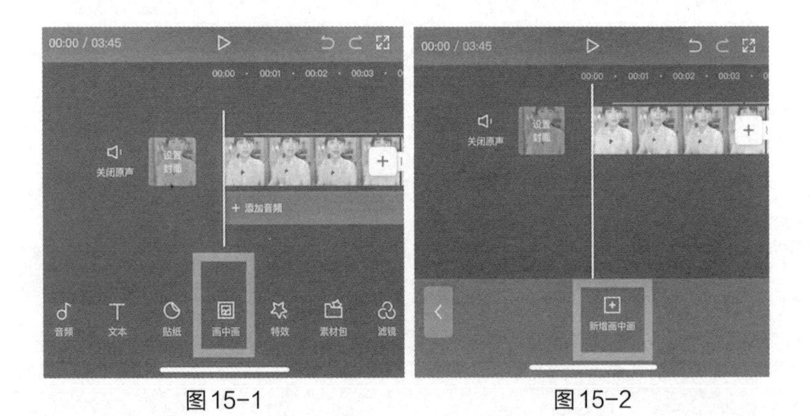

图 15-1　　图 15-2

第二种添加画中画的方法：选中添加的视频，在下方工具栏中点击“切画中画”按钮，再点击“分割”按钮，然后调整素材的长度，新素材将会覆盖原来的图层，如图 15-3、图 15-4 所示。

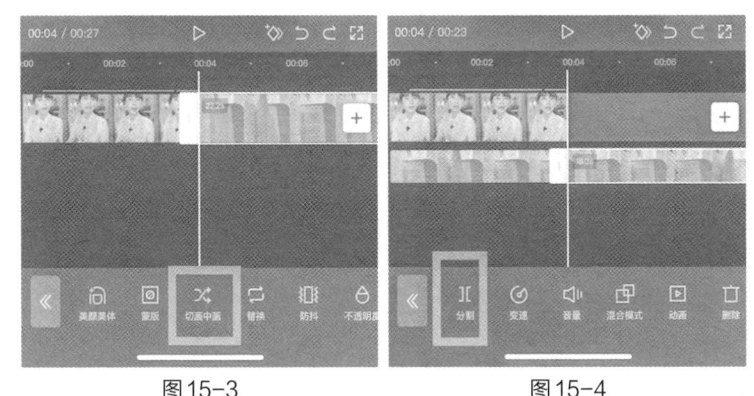

图15-3　　　　图15-4

添加画中画的基本操作看起来很简单，其实在操作的过程中会有很多扩展和变形，接下来我们通过几个案例来带领大家解锁画中画的神奇用法。

用画中画做出回忆视频

导入主视频，点击“新增画中画”，如图 15-5 所示。

导入回忆的视频素材，选中新增素材，点击“蒙版”按钮，如图 15-6 所示。

添加圆形蒙版，调整位置和大小，如图 15-7、图 15-8 所示。

拉动蒙版的羽化箭头，使其边缘过渡得更加自然，如图 15-9 所示（蒙版的操作方法将在第十七章中重点讲解，这里只需要跟着步骤操作就可以了）。

将蒙版移动到画面合适的位置即可，如图 15-10 所示。

一个充满回忆感的视频就做好了。

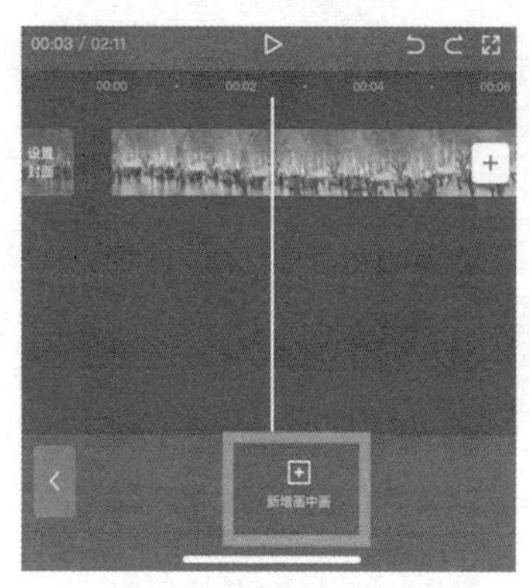

图 15-5

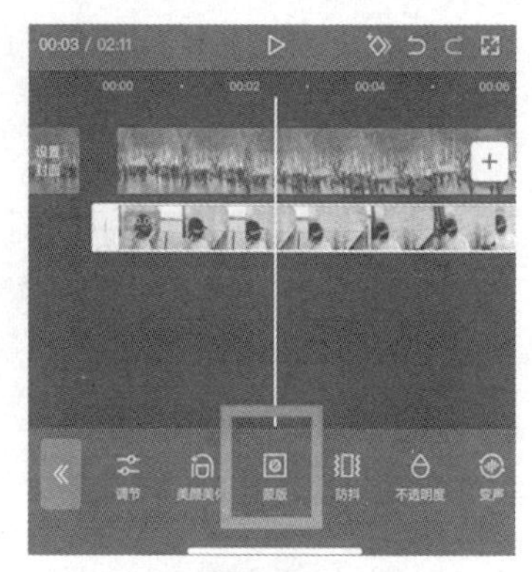

图 15-6

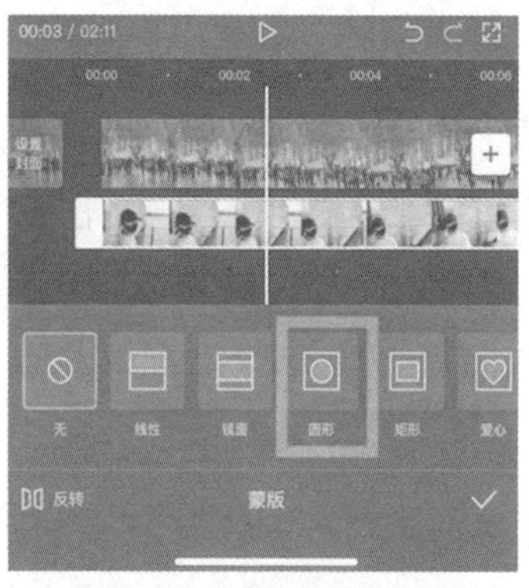

图 15-7

图 15-8

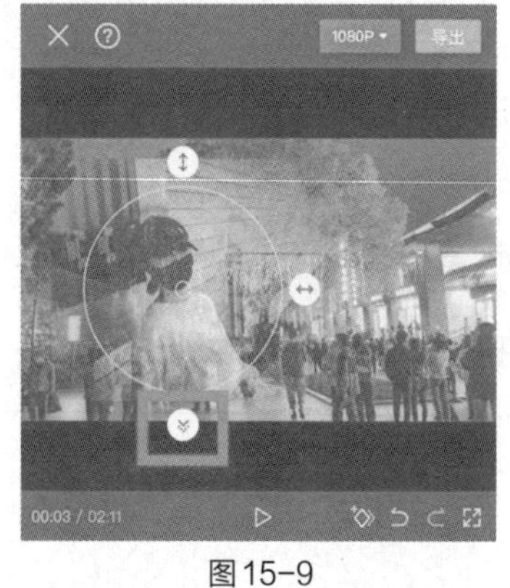

图 15-9

图 15-10

用画中画做出倒影效果

导入一个视频素材，点击“比例”按钮，选择9:16，并将该素材调整到合适的位置，如图15-11、图15-12所示。

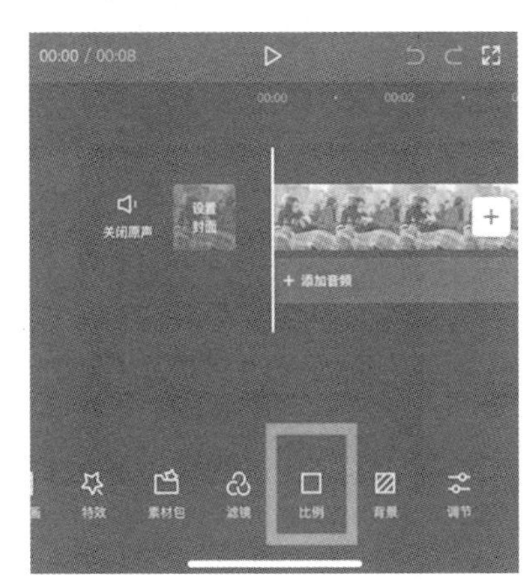

图15-11

图15-12

选中素材，添加蒙版中的线性蒙版，如图15-13、图15-14所示。

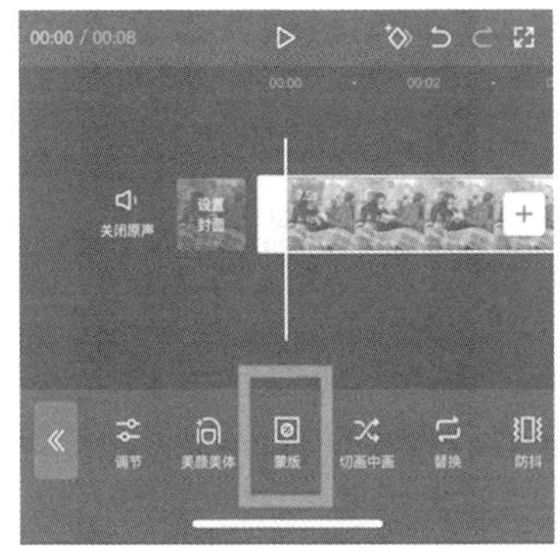

图15-13

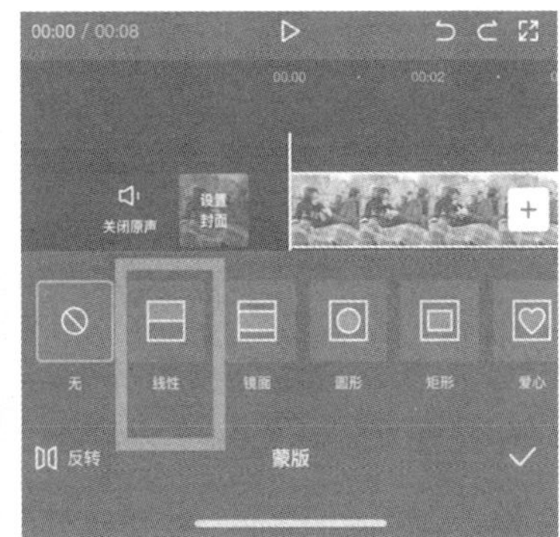

图15-14

将蒙版线向下拉一点，再拉动一点羽化箭头，使边缘过渡自然，如图 15-15 所示。

选中该素材，点击“复制”按钮，如图 15-16 所示。

图15-15　　图15-16

选中复制好的素材，点击“切画中画”按钮，如图 15-17 所示。

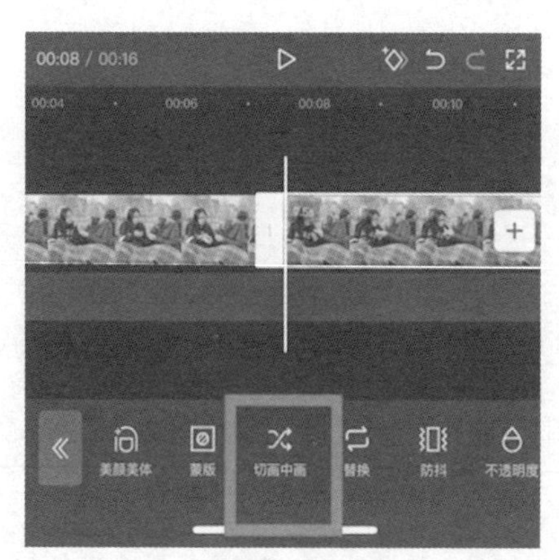

图15-17

将两段视频对齐，选中复制好的素材，点击“编辑”按钮，如图 15-18 所示。

调整镜像和旋转，使下面的视频和上面的视频互相倒映，如图 15-19 所示。

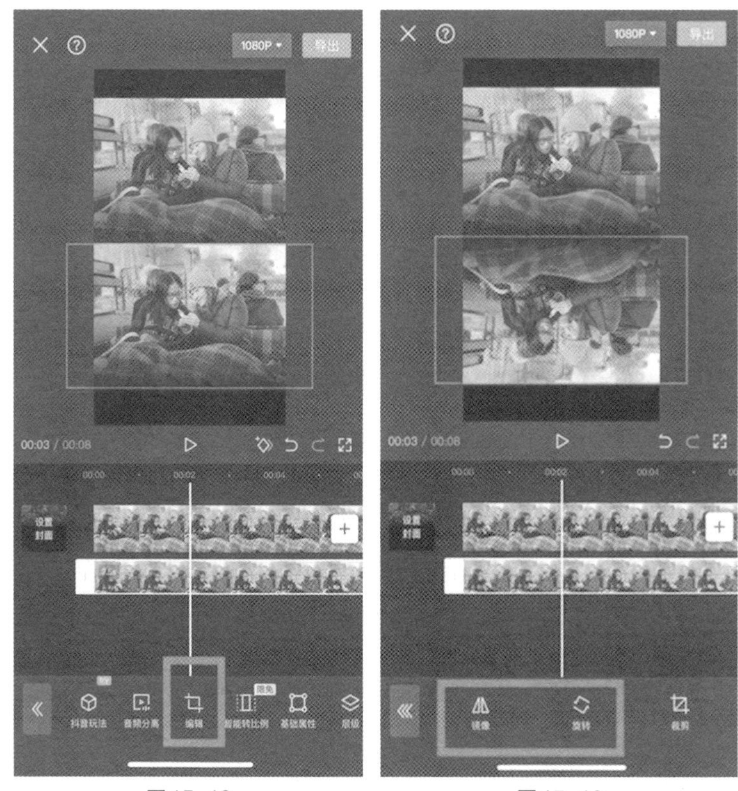

图 15-18　　　　图 15-19

选中复制好的素材，将其不透明度减小到 30，如图 15-20 所示。

一个倒影画面就完成了，如图 15-21 所示。

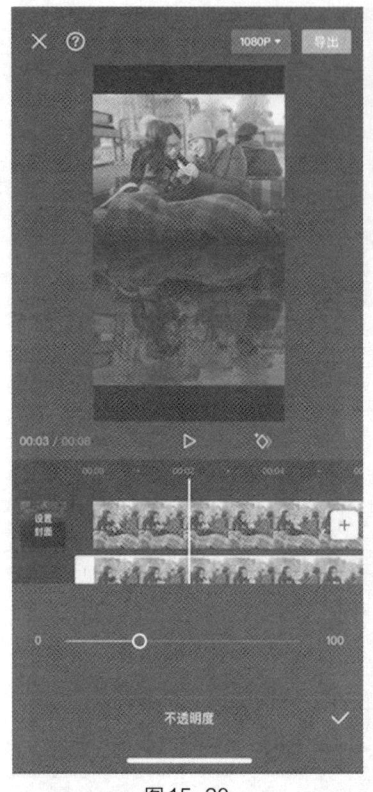

图15-20

图15-21

用画中画做出渐变转场

导入一个视频素材，并将时间轴移动到2秒处，点击“画中画”按钮，如图15-22所示。

点击“新增画中画”按钮，导入第二个视频素材，如图15-23、图15-24所示。

双指拖动第二个视频素材，将其放大到铺满全屏，并在其开头打上一个关键帧，如图 15-25 所示。

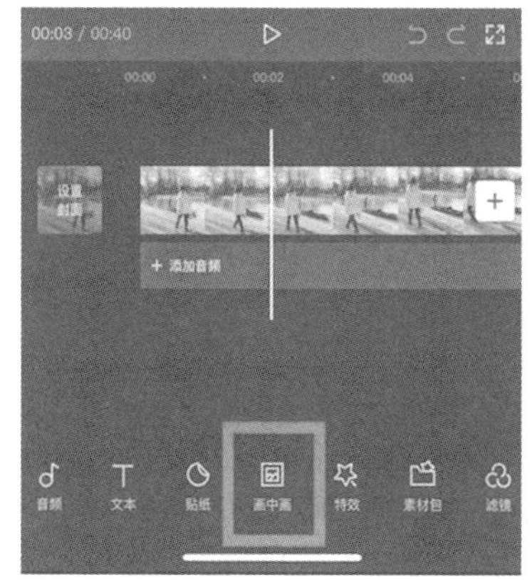

图 15-22

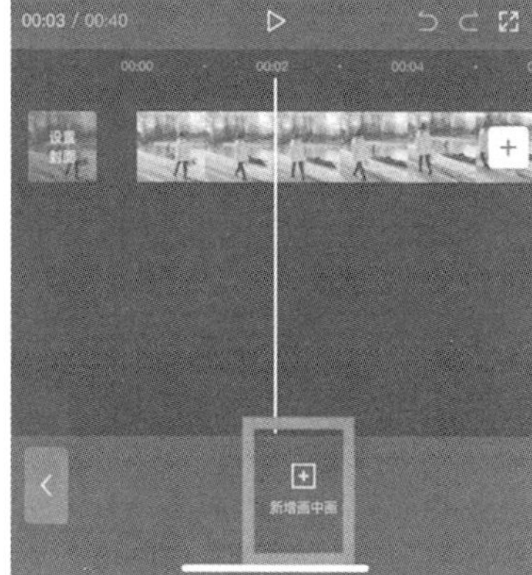

图 15-23

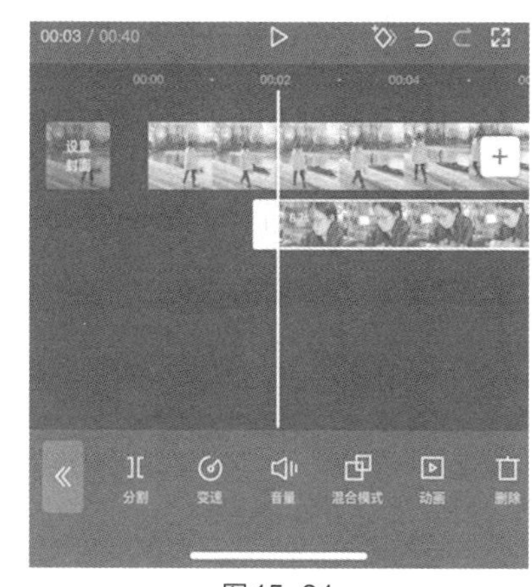

图 15-24

图 15-25

向右滑动底部工具栏，找到“不透明度”按钮，点击，将数值调到 0，如图 15-26、图 15-27 所示。

时间轴向后移动 2 秒，并将不透明度的数值增加到 100，如图 15-28、图 15-29 所示。

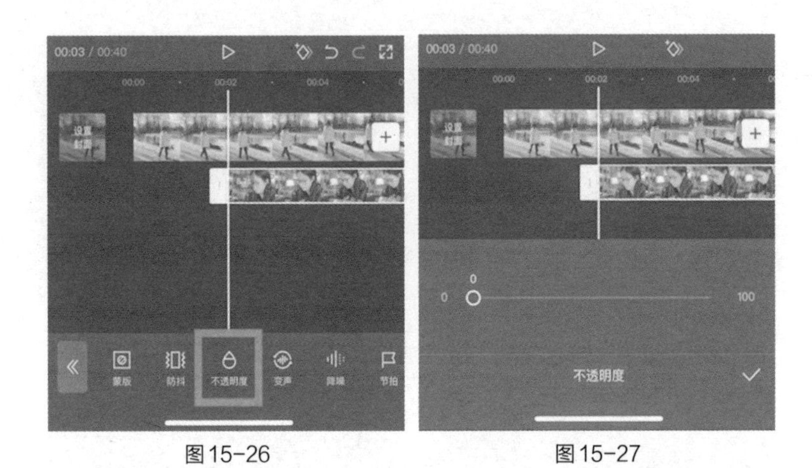

图15-26　　图15-27

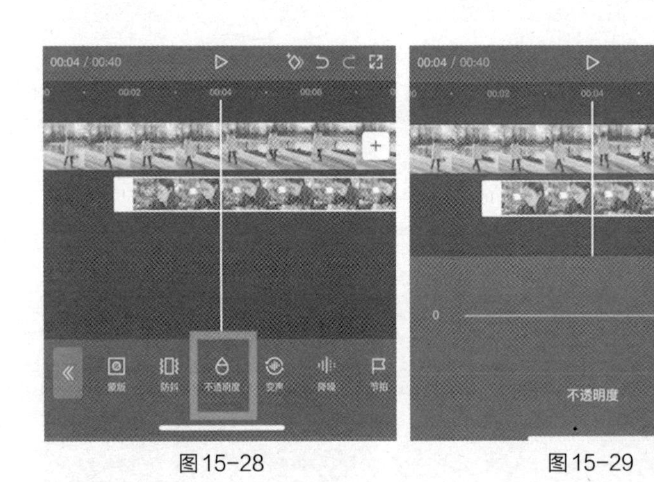

图15-28　　图15-29

新增第二个画中画，对第二个画中画视频的处理，与第一个画中画视频的处理相同，重复图 15-22 至图 15-29 的步骤。

一个无缝衔接的转场效果就做好了，可根据实际需要调整转场次数。

用画中画做出人物穿越文字的效果

打开剪映，点击“开始创作”，导入一段黑底素材，并添加文字，如图 15-30、图 15-31 所示。

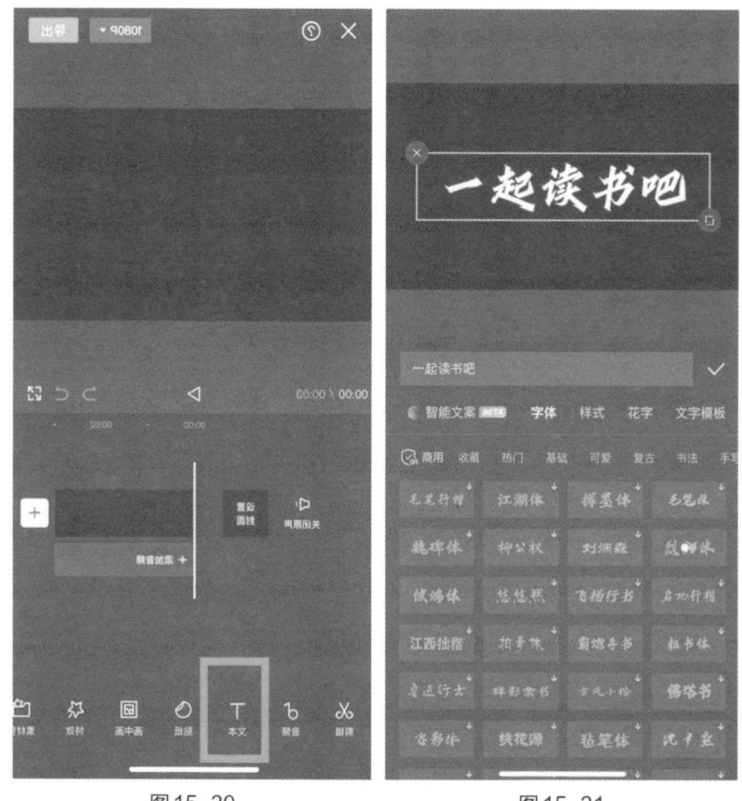

图 15-30　　　　图 15-31

拉长黑底素材和文字时长，并保持时长一致（见图 15-32），导出备用。

重新点击“开始创作”，导入人物走动的视频素材，点击

“画中画”（见图 15-33），再点击“新增画中画”（见图 15-34），导入刚才做好的文字素材。

选中文字素材，点击混合模式中的“滤色”按钮，并将其放大到合适的大小，如图 15-35、图 15-36 所示。

将人物视频复制一份，如图 15-37 所示，并点击“切画中画”，如图 15-38 所示。

图15-32　　图15-33

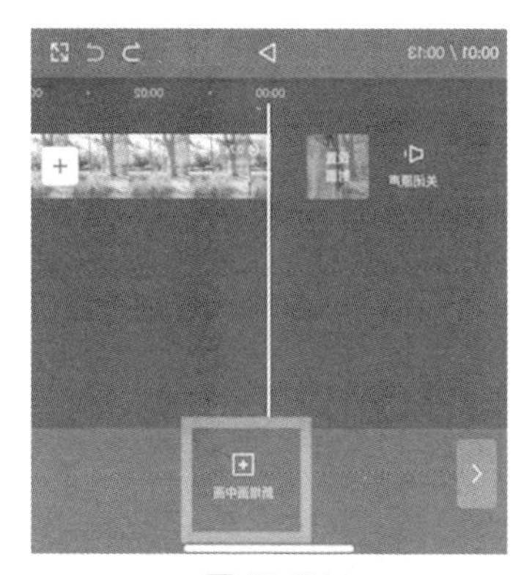

图15-34

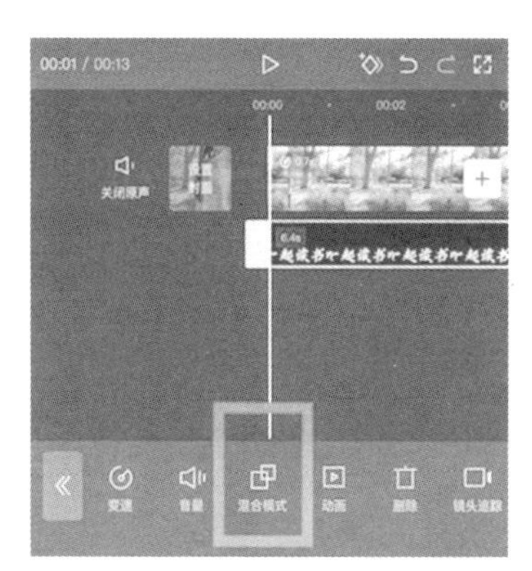

图15-35

图15-36

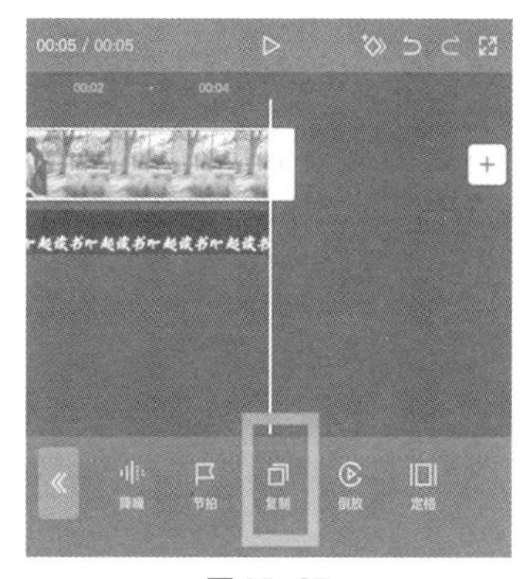

图15-37

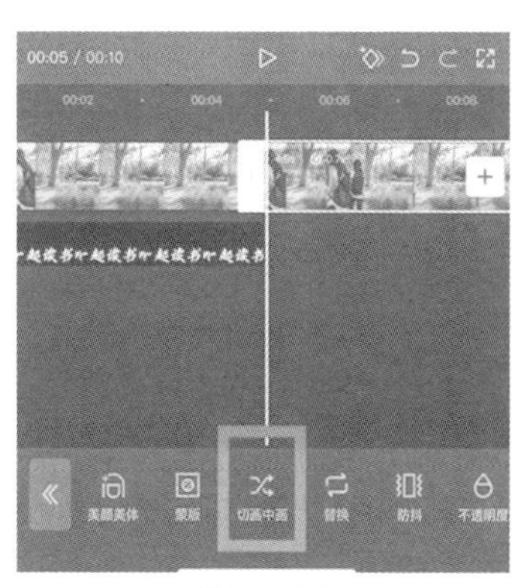

图15-38

使两段人物视频素材对齐。选择复制好的素材，点击“抠像”工具栏中的“智能抠像，如图 15-39、图 15-40 所示。

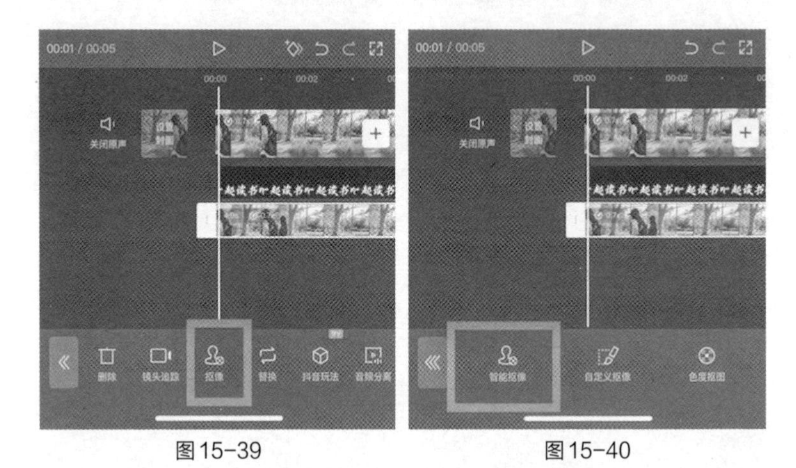

图 15-39　　图 15-40

将时间轴移动到人物即将穿越文字的位置，打上一个关键帧（见图 15-41），将不透明度增加到 100（见图 15-42）。

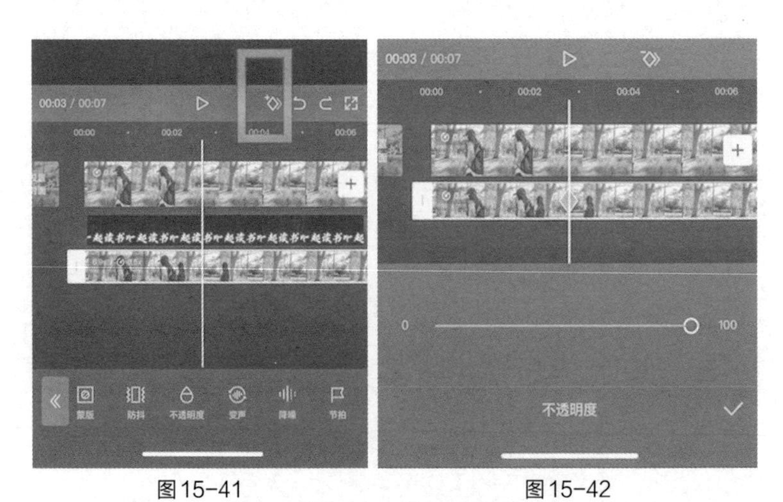

图 15-41　　图 15-42

再将时间轴稍稍向后移动一点，打上一个关键帧并将不透明度减小到 0，如图 15-43、图 15-44 所示。

点击播放按钮，一个人物穿越文字的视频就做好了。

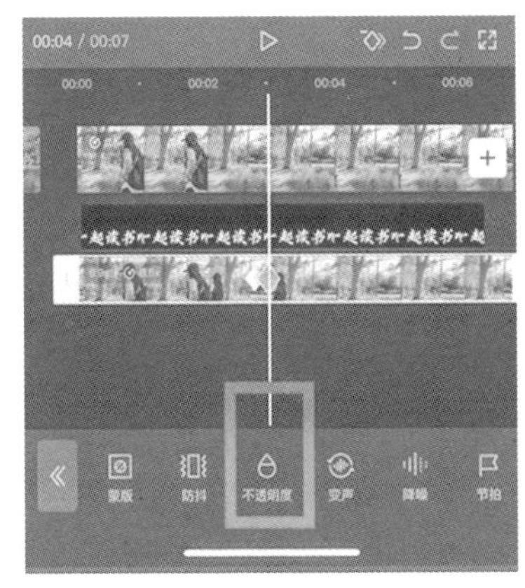

图 15-43

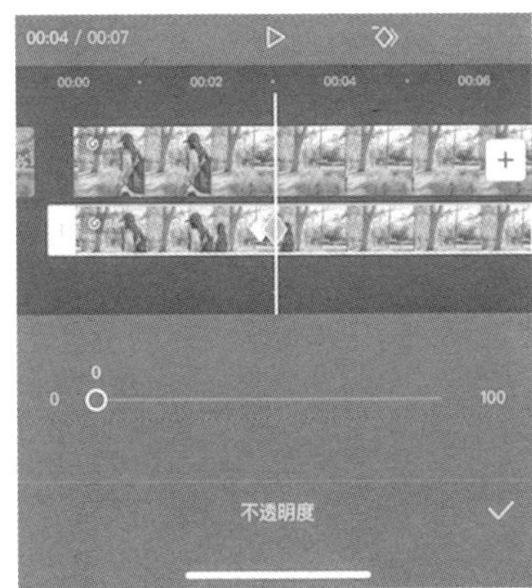

图 15-44

用画中画做出四分屏效果

四分屏是指在同一个屏幕上同时显示 4 个视频素材。多个视频素材在同一个屏幕上同时出现，可以增加画面的信息量。本节的操作同样适用于三分屏、五分屏等多分屏操作。

导入 4 个视频素材，并将 4 个视频素材裁剪到同样的长度，如图 15-45 所示。

图 15-45

双指缩小每一个视频素材，并将其拖动到各自的位置，如图 15-46 所示。

选中一个视频素材，点击“蒙版”工具栏中的“圆形蒙版”，将其 4 个直角设置为圆角（见图 15-47）。其他 3 个视频也如此操作。

图 15-46

图 15-47

现在我们就得到了一个最基础的四分屏的视频了，如图 15-48 所示。

但是这样的四分屏会让观看者感到生硬，所以我们需要给4个视频素材加上出场动画，让它们的入场更自然。

选中屏幕左边的一个视频素材，点击“动画”按钮，如图15-49所示。

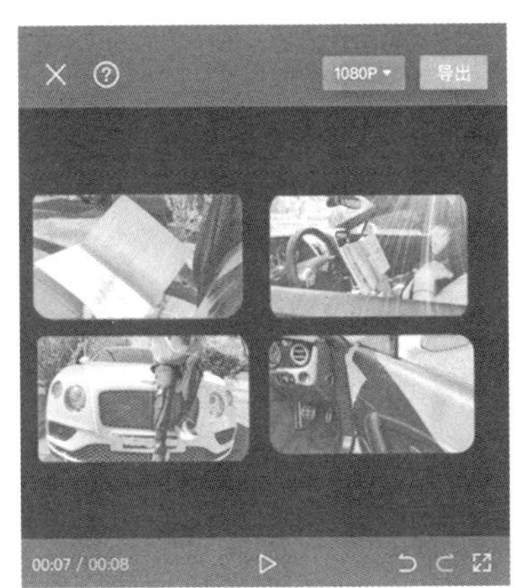

图15-48

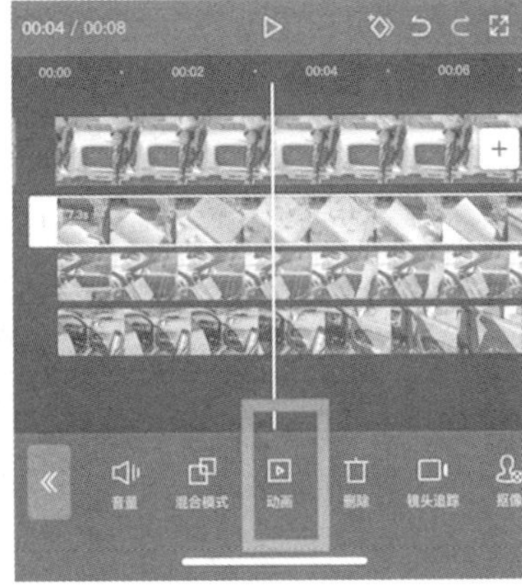

图15-49

点击“入场动画”中的“向右滑动”按钮，如图15-50所示。

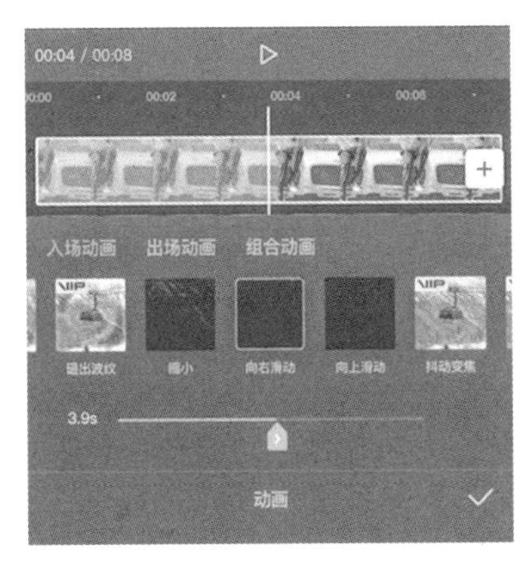

图15-50

屏幕左边的另一段视频重复以上操作。

屏幕右边的 2 个视频素材，分别在“动画”工具栏中的“入场动画”中点击“向左滑动”按钮。

完成上述设置后，点击“音频”按钮，为视频素材加上合适的入场音乐，如图 15-51 所示。

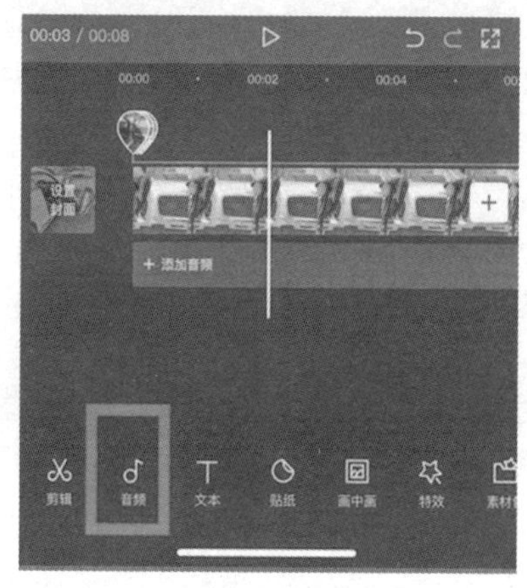

图 15-51

这样，4 个视频素材同时进入画面的操作就完成了。

第十六章

关键帧的运镜魔法

在剪映中，关键帧是时间轴上的特定帧，通过对这些特定帧设置特别的属性和效果，得到帧与帧之间的变换效果。关键帧就像是一根金手指，可以在任意两帧之间开启控制按钮。它有时是你的运镜师，有时是你的调音师，有时是你的字幕组。

什么是关键帧

关键帧被用来记录两个节点之间的变化轨迹，可以记录视频大小变化，文字大小变化，运动轨迹、视频的不透明度、音量变化等。关键帧可以为视频创造出很多令人惊奇的动画效果。

两个关键帧共同作用才能达成想要的效果，所以关键帧是以成对的形式出现的。

关键帧的基本操作

在没有选择素材时，我们是看不到“关键帧”按钮的，如图 16-1 所示。选中一段素材后，才会出现“关键帧”按钮，如图 16-2 所示。

现在我们来示范关键帧的基本操作，将时间轴移动到视频素材的 1 秒处，此时“关键帧”按钮的左上角显示为“+”，如图 16-3 所示。

点击“关键帧”按钮，时间轴上出现红色的菱形标志，意思是这里的视频素材已经被添加上了关键帧，并且“关键帧”按钮左上角的“+”变为了“–”，如图 16-4 所示。

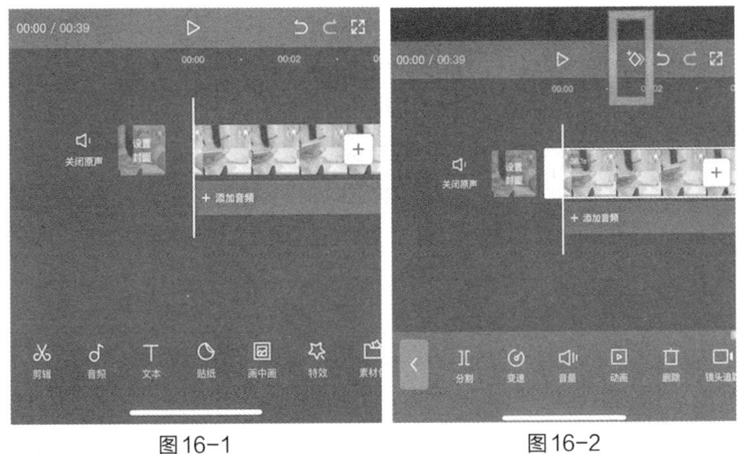

图 16-1　　　　图 16-2

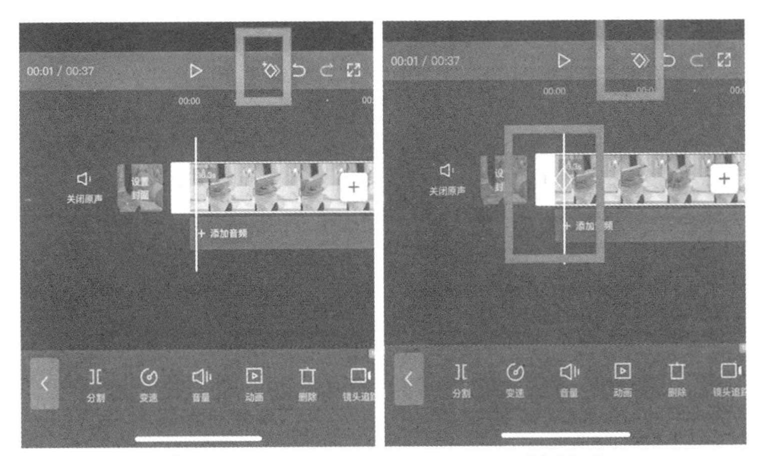

图 16-3　　　　图 16-4

将时间轴移动到 3 秒处，双指放大画面，此时“关键帧”按钮左上角显示为“+”，如图 16-5 所示。

再次点击“关键帧”按钮，时间轴上也出现了红色的菱形标志，意味着视频素材 3 秒处也已经被添加上了关键帧。

此时，“关键帧”按钮左上角的“+”变为“–”，如图 16-6 所示。

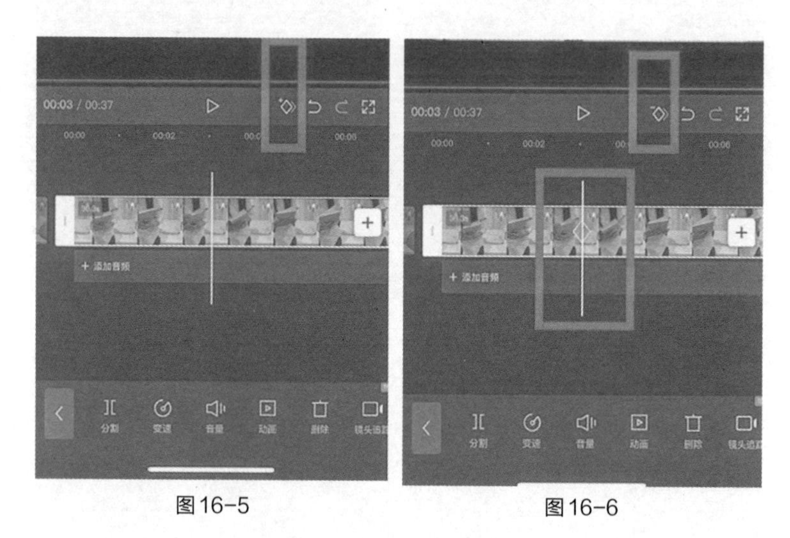

图16-5　　图16-6

此时，从头播放视频，视频将会显示一个由远拉近、画面逐渐放大的变化过程。

关键帧的6种用法

关键帧不仅可以用在视频大小变化上，也可以运用到颜色、图片、文字、音量等变化中。下面从 6 个方面来分别说明关键帧的用法。

让视频自己运镜

大多数博主都是自己独立拍视频的，所以无法通过移动镜头来运镜。通过关键帧这个工具，我们可以营造出镜头移动的感觉，可以随意为视频添加大小变化和移动变化。下面我们来示范如何做出具有从左向右移动的镜头感的视频。

首先我们导入一个视频素材，如图 16-7 所示。选中该视频素材，双指拖动画面，将画面放大，如图 16-8 所示。

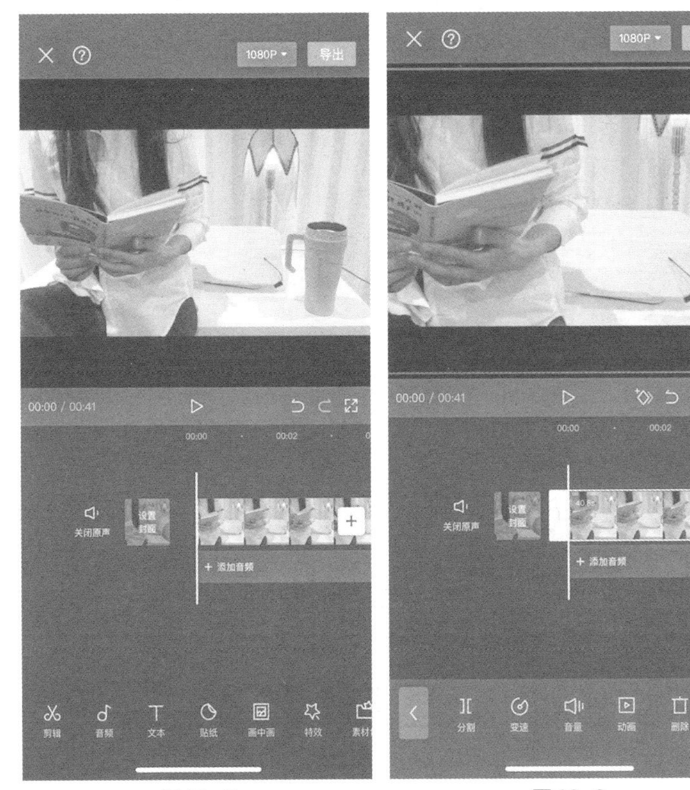

图 16-7　　图 16-8

将画面移动到最左边，并在视频开头点击“关键帧”按钮，如图 16-9 所示。

将时间轴移动到视频的 3 秒处，并将画面移动到最右边，此时视频素材的 3 秒处被自动打上了“关键帧”，如图 16-10 所示。从头播放视频，就能看到视频具有了从左向右移动的镜头感。

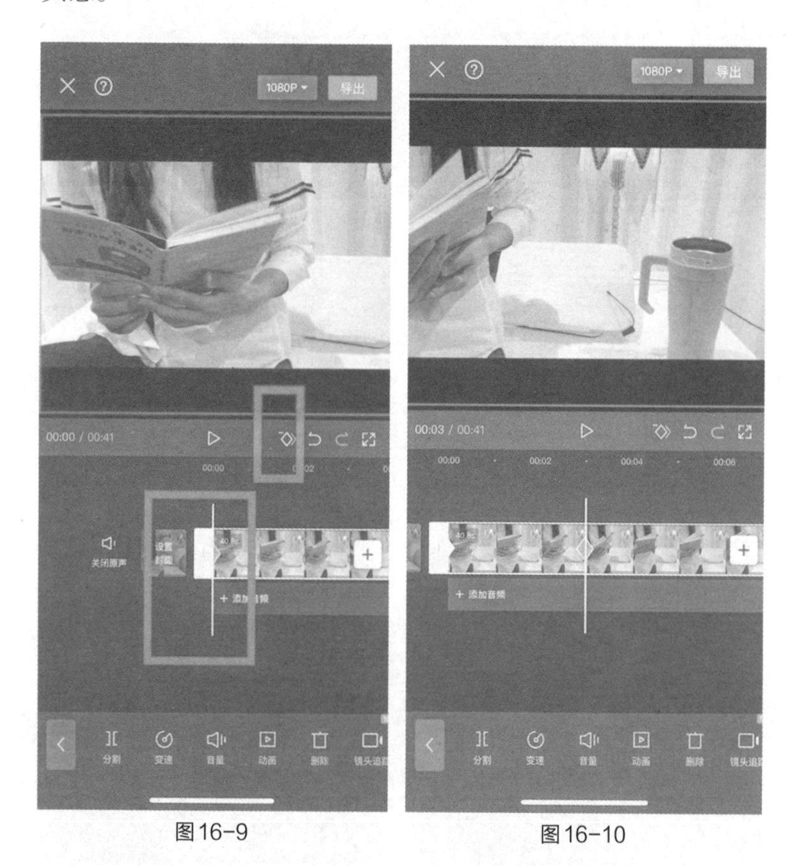

图 16-9　　图 16-10

让视频的颜色自己动起来

如何为视频制作出从黑白到彩色的渐变效果？

首先我们导入一个彩色视频素材，并选中该素材。

点击“关键帧”按钮，在素材开头添加关键帧。点击

“调节”按钮（见图 16-11），将饱和度降到最低，点击右下角“☑”确定（见图 16-12）。

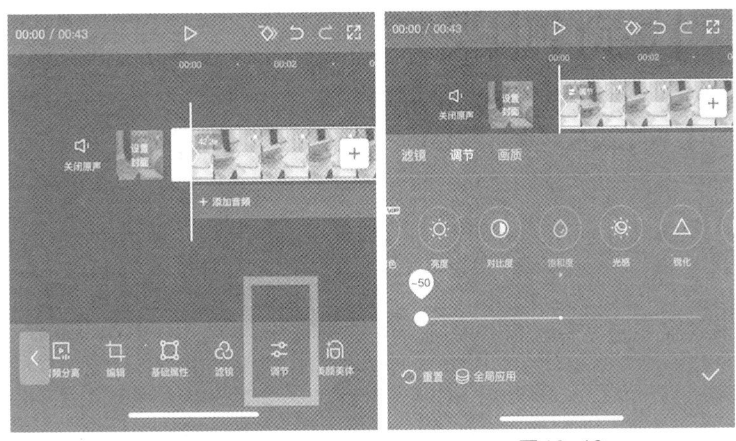

图16-11　　图16-12

将时间轴移动到视频素材中间，点击“调节”按钮（见图 16-13），将饱和度拉到最大，点击右下角☑确定（见图 16-14）。

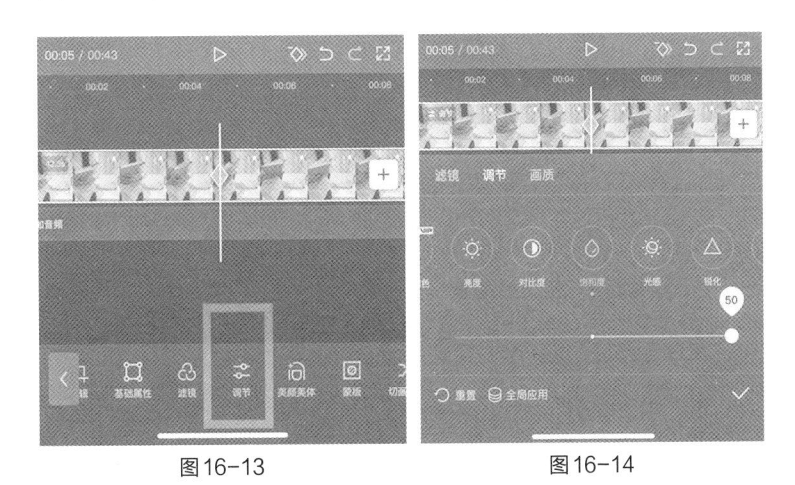

图16-13　　图16-14

此时点击播放按钮浏览视频，则视频会出现从黑白逐渐过渡到彩色的渐变效果。

让某个物体动起来

视频中有物体移动的效果是怎么做出来的呢？首先我们点击“贴纸”按钮（见图 16-15），选择合适的贴纸，并将其拖动到视频的左下角（见图 16-16）。

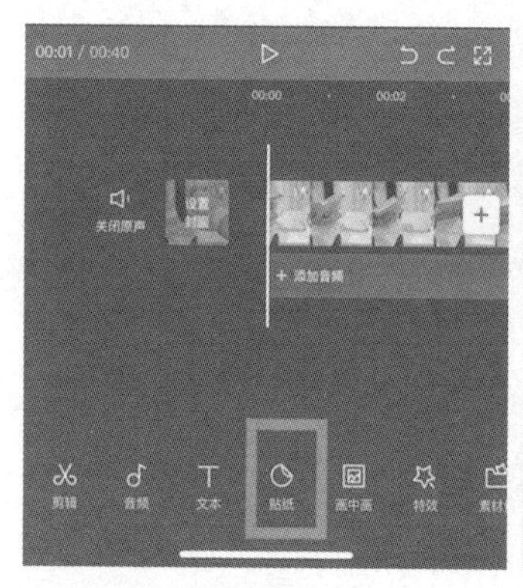

图16-15

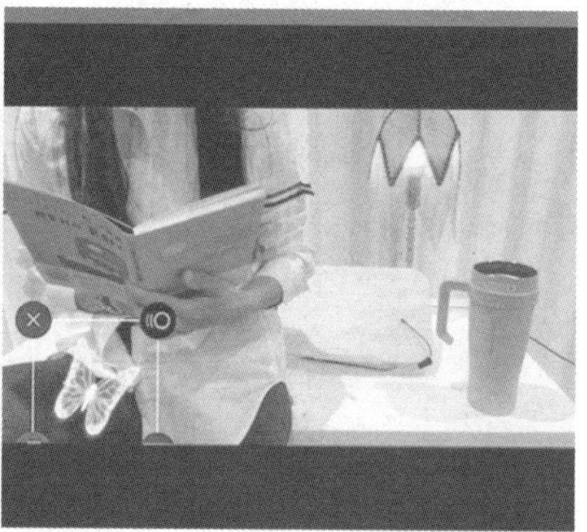

图16-16

在贴纸进度条的开头打上关键帧，如图 16-17 所示。

拉长贴纸进度条到视频中间位置，并将贴纸移动到视频右上角，关键帧自动添加到贴纸进度条上，如图 16-18 所示。

此时播放视频，将会看到蝴蝶贴纸从视频的左下角飞到视频的右上角。

若添加的是图片，不是贴纸，其操作方法也和贴纸的操作方法一样。

图16-17

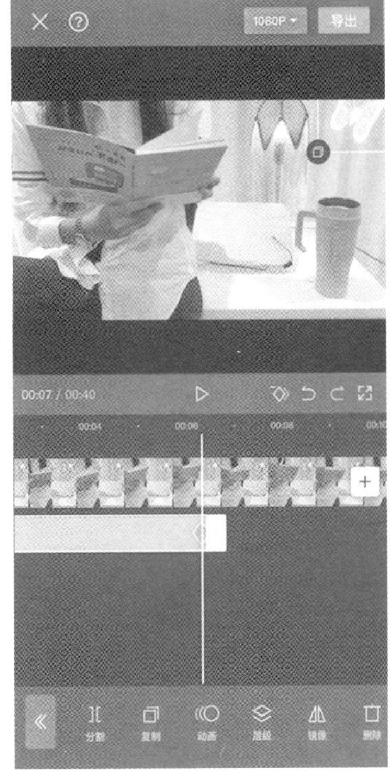

图16-18

电影结尾字幕

每一部电影的结尾都会出现演职人员名字字幕向上移动的画面，这种效果也可以通过关键帧做出来。

添加一个视频素材，并将视频缩小到屏幕的左上角，如图 16-19 所示。

点击“新建文本”按钮，输入字幕，如图 16-20 所示。

在文字轨道的开头打上一个关键帧，将字幕拖动到屏幕右下方，如图 16-21 所示。

拉长文字进度条到视频结束，将字幕拖动到屏幕的右上方，则此处自动加上关键帧，如图 16-22 所示。

图16-19

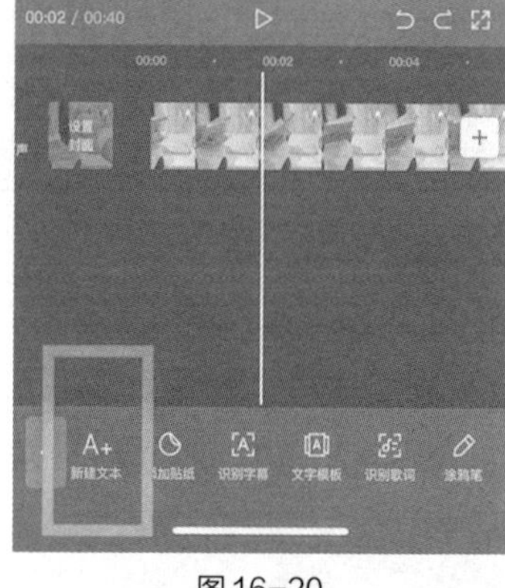

图16-20

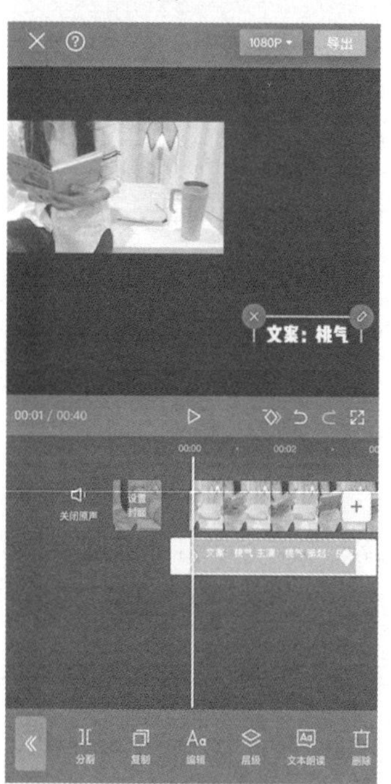

图16-21

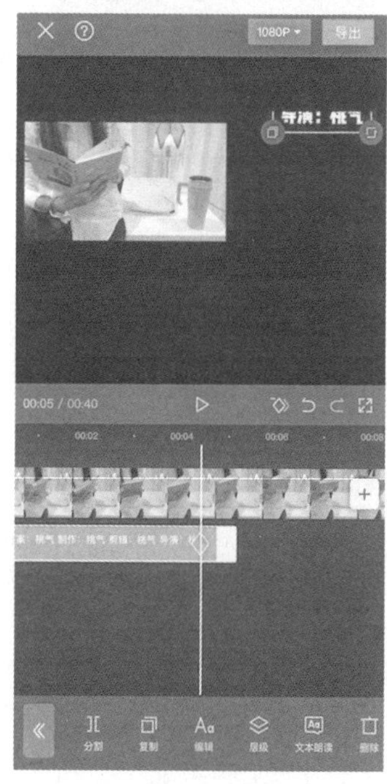

图16-22

此时播放视频，将会看到字幕如电影结尾字幕一样向上滚动。

文字的变化

文字的变化有大小变化、移动变化、颜色渐变等。

首先我们来看文字从小到大的字幕效果是如何做出来的。

导入一个视频素材，并点击“新建文本”按钮，输入字幕。

拉长文字进度条，将时间轴移动到文字进度条的最开始，打上一个关键帧，如图 16-23、图 16-24 所示。

图16-23

图16-24

图16-25

将时间轴移动到文字进度条末尾，双指按住字幕，将其拉到最大，此时文字进度条末尾自动打上了关键帧，如图 16-25 所示。

播放视频，字幕就会出现由小到大的渐变效果。

如果制作文字从左向右移动的效果，操作方法也是一样的，先将字幕移动到屏幕最左边，在文字进度条最开始打上一个关键帧，然后再将字幕移动到屏幕的最右边，此时文字进度条末尾自动打上关键帧。

播放视频，字幕就会呈现由左向右移动的效果。

文字的颜色渐变效果也可以通过关键帧来完成。

点击“新建文本”按钮，输入字幕。点击“样式”按钮，将字幕颜色调整为白色。

在字幕进度条开始的地方打上一个关键帧，再将时间轴拖动到字幕条结束的地方，将字幕的颜色设置为黑色。

播放视频，字幕将会出现颜色由白到黑的渐变效果。

音量

关键帧也可以用来呈现音量的变化。例如，我们想要创建一段音频由小到大的声音效果，操作如下。

先导入一段带有声音的视频，并在视频开始处加上一个关键帧。

点击“音量”按钮（见图 16-26），将音量调到最小（见图 16-27）。

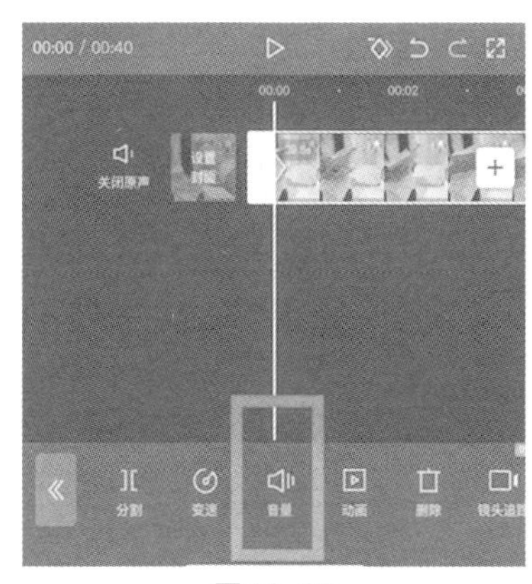

图16-26

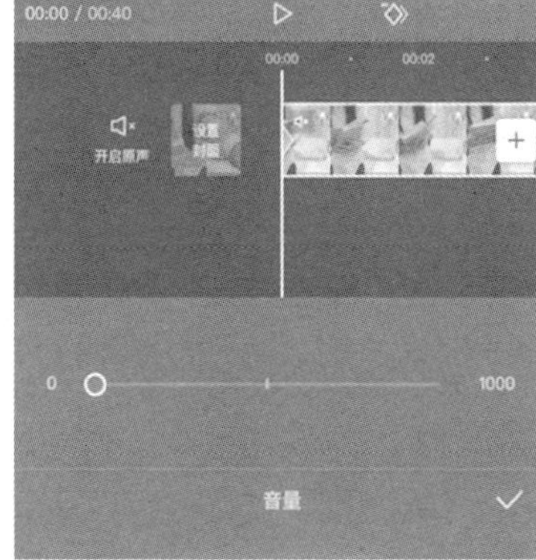

图16-27

再将时间轴移动到视频中间，将音量调到原来的大小，视频中这个位置自动加上关键帧，如图 16-28 所示。

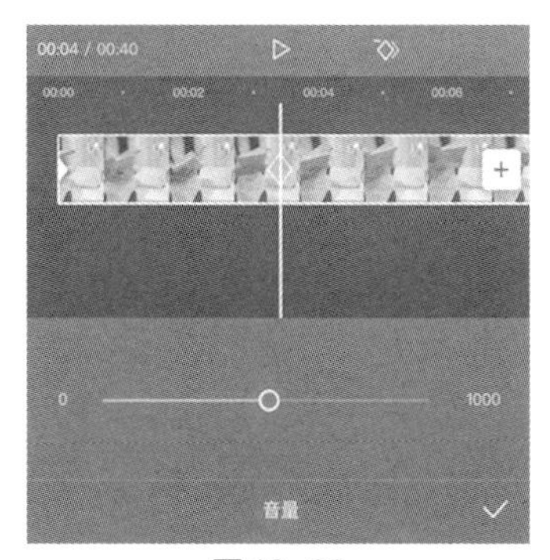

图16-28

此时播放视频，音量将会呈现由小到大的变化。

以上是调整视频自带音量的

方法，有的时候我们会另外添加音乐，那么就需要单独调节音乐轨道。

添加一段音乐，在音乐进度条的开头打上一个关键帧。

点击“音量”按钮，将音量调到最小。

将时间轴移动到音乐中间部分，点击“音量”按钮，将音量调整到原来的大小。

播放视频，音乐音量就会呈现逐渐增大的效果。

第十七章
蒙　版

剪映中的蒙版功能可以遮住我们想掩盖的部分，显示我们想看到的部分。当用它来控制画面中的可见区域时，它就像是舞台上的一束聚焦光源，光打在哪里，哪里就是唯一可见的主角。

蒙版的基础知识

什么是蒙版

关于蒙版，我们可以从字面意思理解为它是一块蒙住画面的板子，黑色区域是被蒙住的区域，不显示画面，灰色区域是显示的区域，可以看到画面。

导入一个视频素材，选中它后，即可在下方的工具栏中找到“蒙版”按钮，如图 17-1 所示。

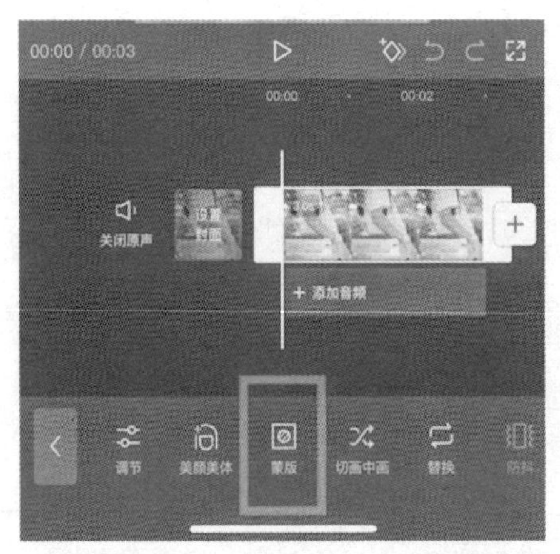

图17-1

蒙版的6种类型

点击“蒙版”按钮，会看到6种蒙版类型，分别为线性蒙版、镜面蒙版、圆形蒙版、矩形蒙版、爱心蒙版、星形蒙版，如图17-2所示。

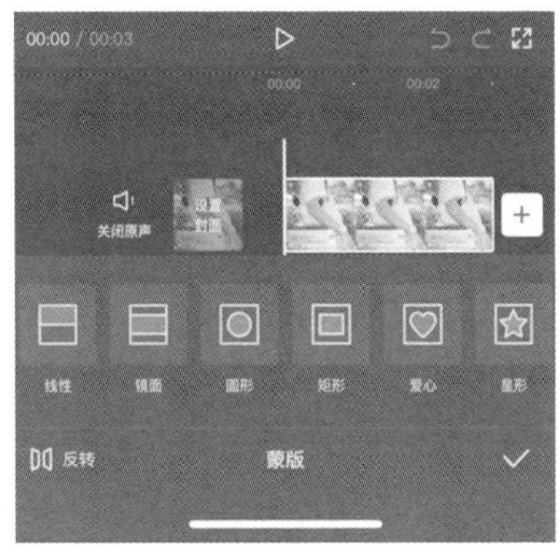

图17-2

1. 线性蒙版

线性蒙版以一条线来划分黑色区域和灰色区域。点击“线性”按钮，再点击“旋转”按钮，通过拉动下方工具栏，可以调整这条线划分两部分的角度。例如，这条线可以横着划分画面的上下两部分，如图17-3所示；可以竖着划分左右两部分，如图17-4所示；也可以以任意角度将画面划分为两部分。

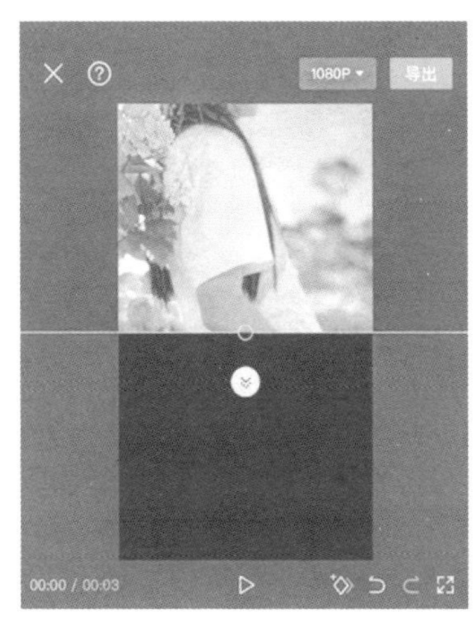

图17-3

图17-4

画面中白色小圆圈内的小箭头负责羽化功能，向下拉一下可以使画面呈现自然过渡的效果，如图 17-5 所示；也可以通过“线性—羽化”路径调整羽化程度，如图 17-6 所示。

图 17-5

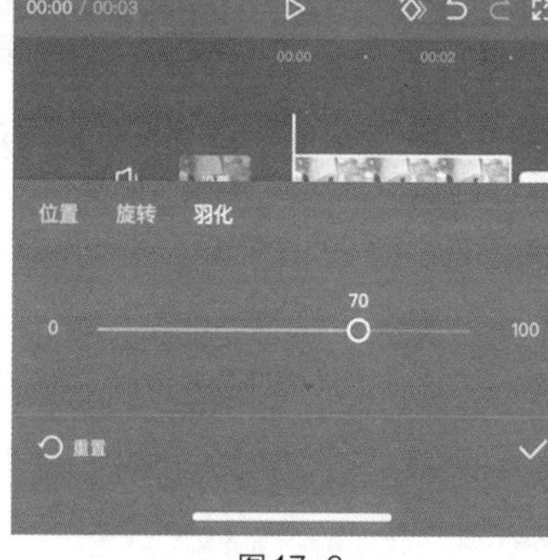

图 17-6

2. 镜面蒙版

点击“镜面”按钮，画面中间出现一块像镜子一样的区域，如图 17-7 所示。

使用单指拉动镜面部分，可以调节蒙版的位置；使用双指拉动可以调节蒙版的大小。

拉动羽化箭头，可以使画面呈现自然过渡的效果。

同线性蒙版一样，也可以任意调节蒙版的羽化程度。

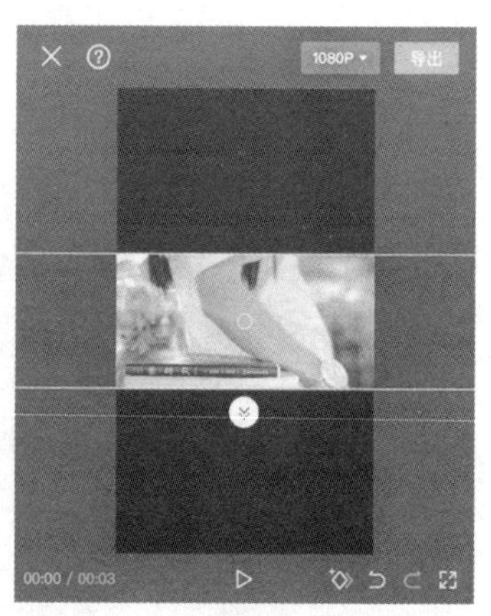

图 17-7

3. 圆形蒙版

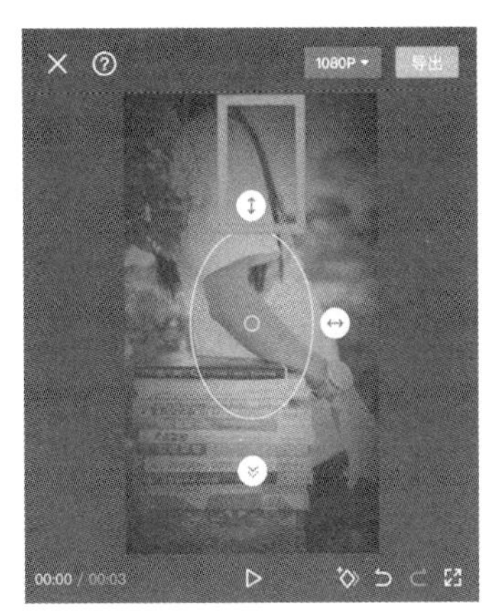

图 17-8

点击“圆形”按钮，便可使用圆形蒙版，同样，拉动羽化箭头调节画面过渡程度。

圆形蒙版的上方和侧面的双箭头用于调整圆形的长度和扁度，如图 17-8 所示。

4. 矩形蒙版

点击“矩形”按钮，画面中出现矩形蒙版。

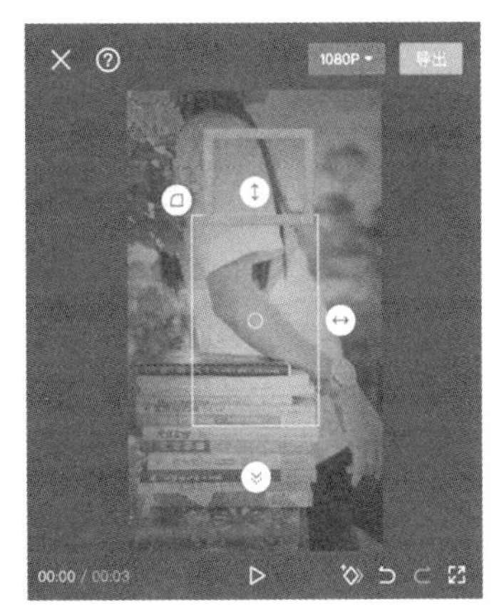

图 17-9

同样，拉动羽化箭头，让边缘过渡得更加自然。

矩形蒙版的上方和侧面的双箭头用于调整矩形的长和宽，如图 17-9 所示。

5. 爱心蒙版

点击“爱心”按钮，画面中出现爱心蒙版。同样，拉动羽化箭头调整画面过渡程度。

6. 星形蒙版

点击“星形”按钮，画面中出现星形蒙版。与其他蒙版相同，拉动羽化箭头调整画面过渡程度。

现在我们知道了 6 种蒙版的基本操作，下面我将带领大家运用蒙版在实际案例中做出各种炫酷的视频效果。

案例：用线性蒙版做转场

开始创作，添加一个视频素材，再添加一个画中画素材。选中画中画轨道，在开头添加关键帧。

点击“蒙版”按钮，选择“线性”蒙版。

将蒙版线旋转到对角线的位置；拉一点羽化箭头，让画面之间融合得更自然，如图 17-10、图 17-11 所示。

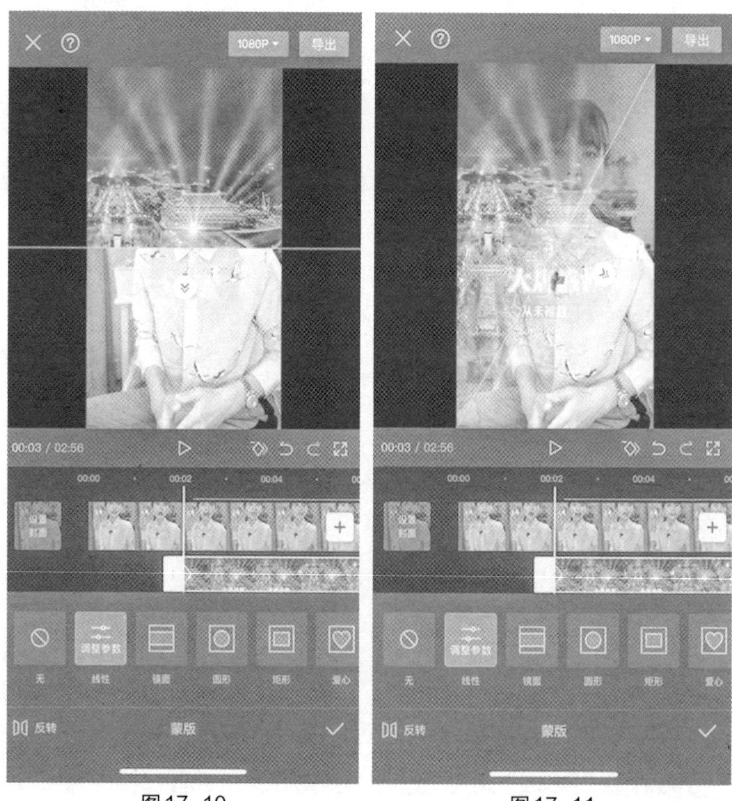

图17-10　　图17-11

将蒙版线移动到画面左上角，点击☑，如图17-12所示。

将时间轴移动到5秒的位置，再次点击“蒙版”。

将蒙版线移动到画面右下角，如图17-13所示。

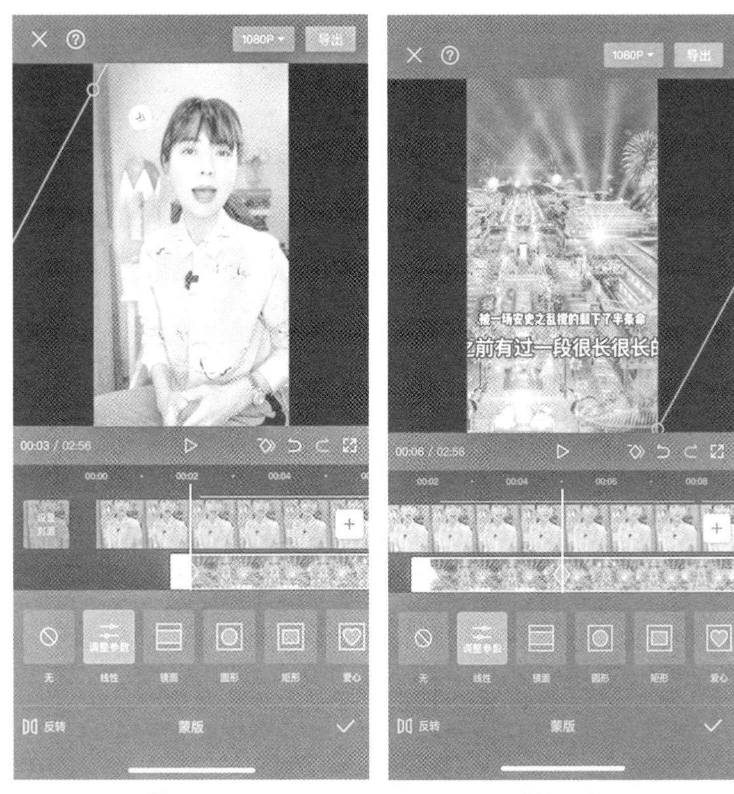

图17-12

图17-13

此时播放视频，画面将会以从左上角到右下角的轨迹，呈现一个视频缓慢覆盖和过渡到另一个视频的效果，形成自然的转场。

案例：用蒙版做出四分屏效果

导入一个视频素材，添加“矩形”蒙版，并将蒙版移动到画面的前四分之一处，如图 17-14 所示。

将视频素材“复制”并点击“切画中画”，长按第二个视频轨道并向前拖动，将两个视频素材对齐。将画中画图层也添加“矩形”蒙版，并移动到画面的四分之二处，如图 17-15、图 17-16、图 17-17、图 17-18 所示。

第三层和第四层重复前面的步骤，如图 17-19、图 17-20 所示。

分别为每一个图层添加不同的滤镜，就得到了最终的四分屏效果，如图 17-21 所示。

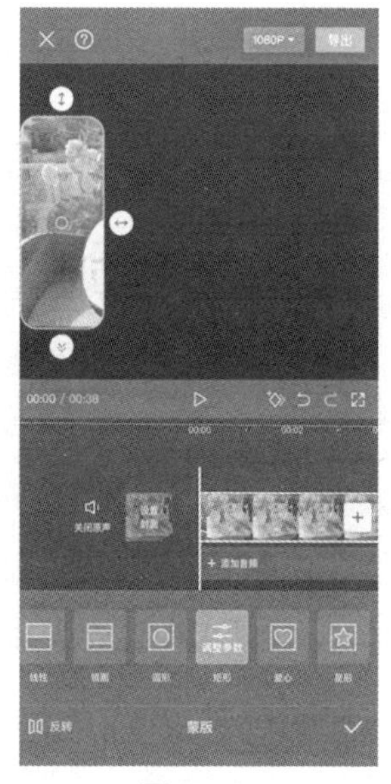

图 17-14

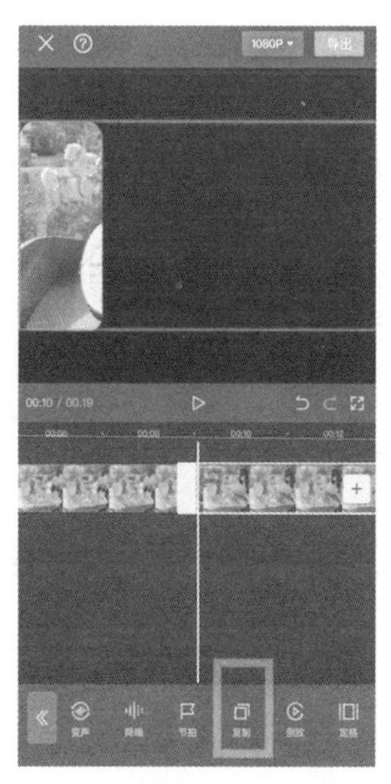

图 17-15

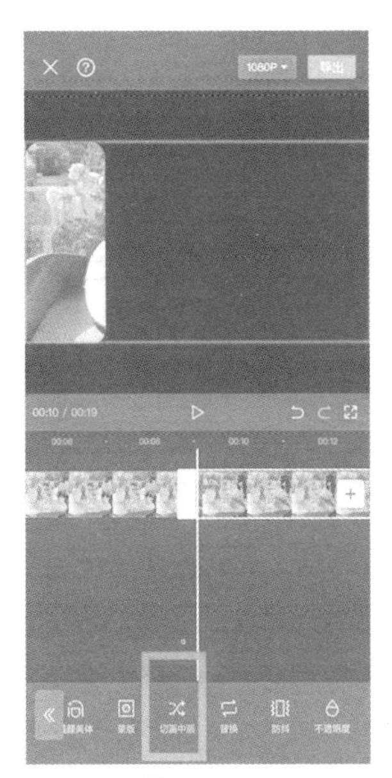

图 17-16

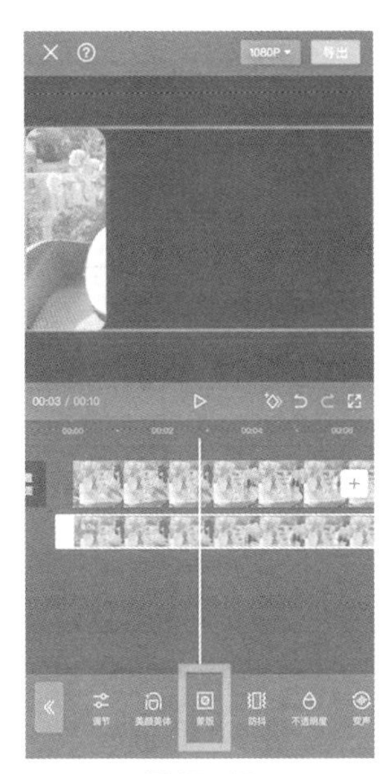

图 17-17

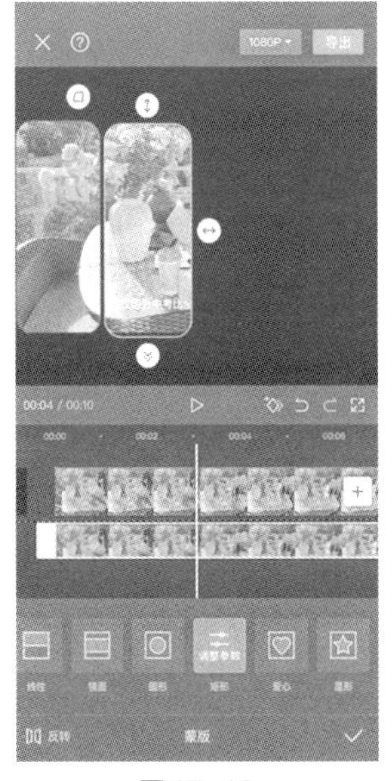

图 17-18

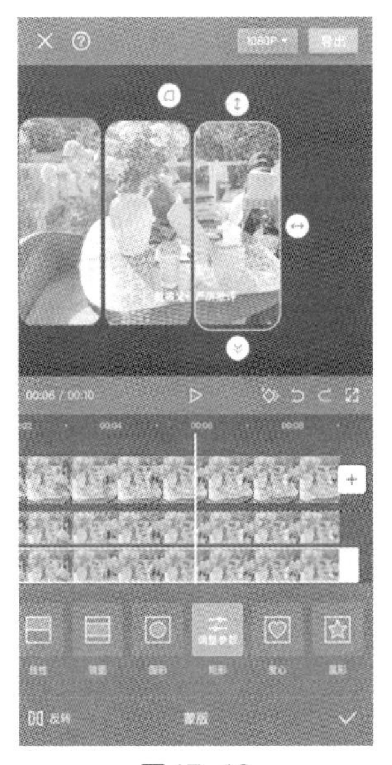

图 17-19

图 17-20

图 17-21

案例：用圆形蒙版做出你的个人片尾

点击“开始创作”，选一张个人头像，点击“蒙版”。

选择“圆形”蒙版，将蒙版移动到合适的位置，调整好大小，如图 17-22 所示。

点击“贴纸”，搜索“关注”，选一个关注素材，如图 17-23、图 17-24 所示。

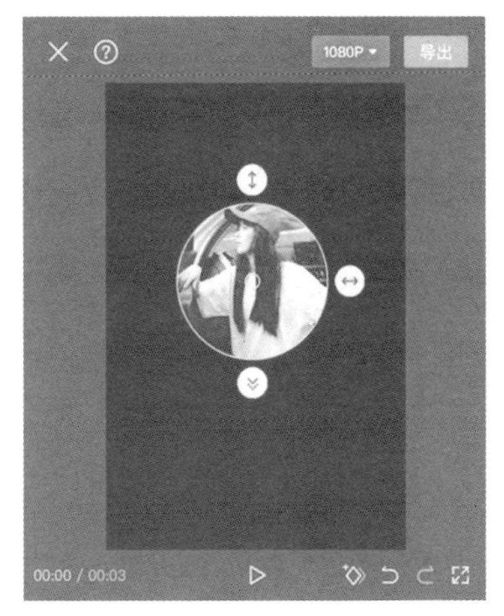

图 17-22

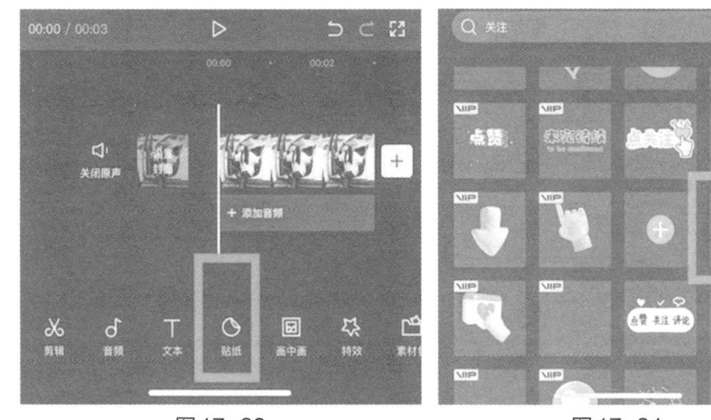

图 17-23　　图 17-24

将关注素材移动到头像位置，如图 17-25 所示。

在“音频”工具栏中（见图 17-26），点击“音效”（见图 17-27），选择喜欢的音效，点击“使用”（见图 17-28）。

调整好素材的长度，选择导出就可以了。

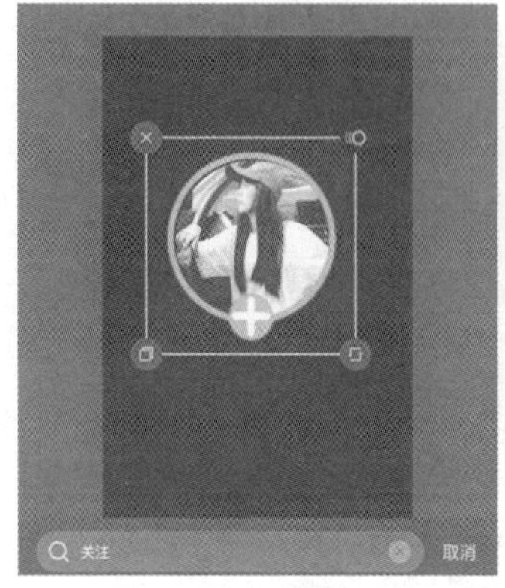

图 17-25

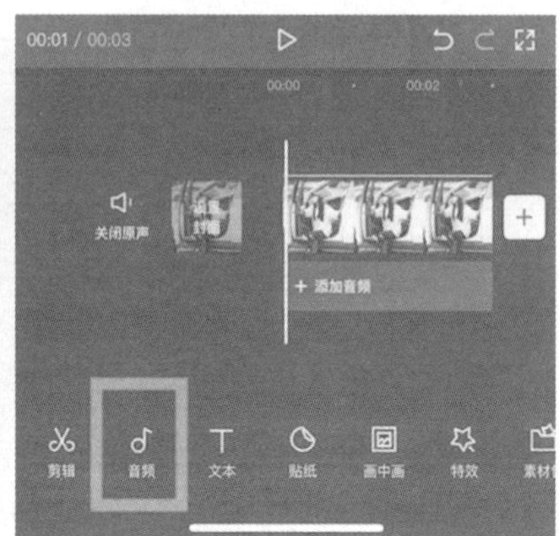

图 17-26

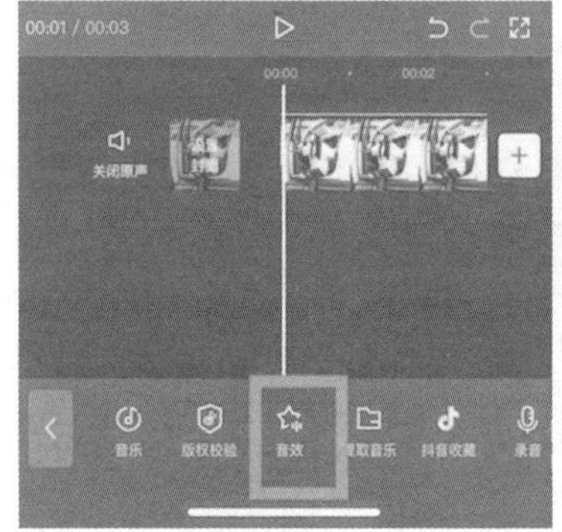

图 17-27

图 17-28

第十八章

如何剪出趣味满满的口播

口播的表现形式远远不如 vlog 那样丰富，但我们完全可以通过后期剪辑，让一条平平无奇的口播变得充满趣味性和观赏性。

我在之前的章节里穿插着讲过一些小技巧，在这一章里，我将带领大家从头到尾完整地剪辑出有趣、有看点的口播视频。

本章将从画面和声音两个部分分别讲解。

快速粗剪

导入口播视频后，点击“文本”按钮，点击“识别字幕”，一键识别所有字幕，如图 18-1、图 18-2 所示。

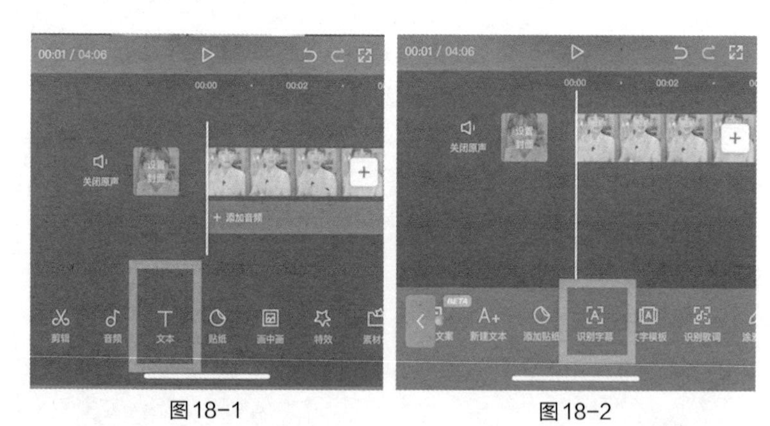

图18-1　　图18-2

识别字幕时，标记无效片段。接下来，剪掉气口废词、无效语气等，如图 18-3、图 18-4、图 18-5 所示。

将无用的字幕和对应的片段一起一键删除，如图 18-6 所示。

图 18-3

图 18-4

图 18-5

图 18-6

点击“批量编辑”，如图 18-7、图 18-8 所示。

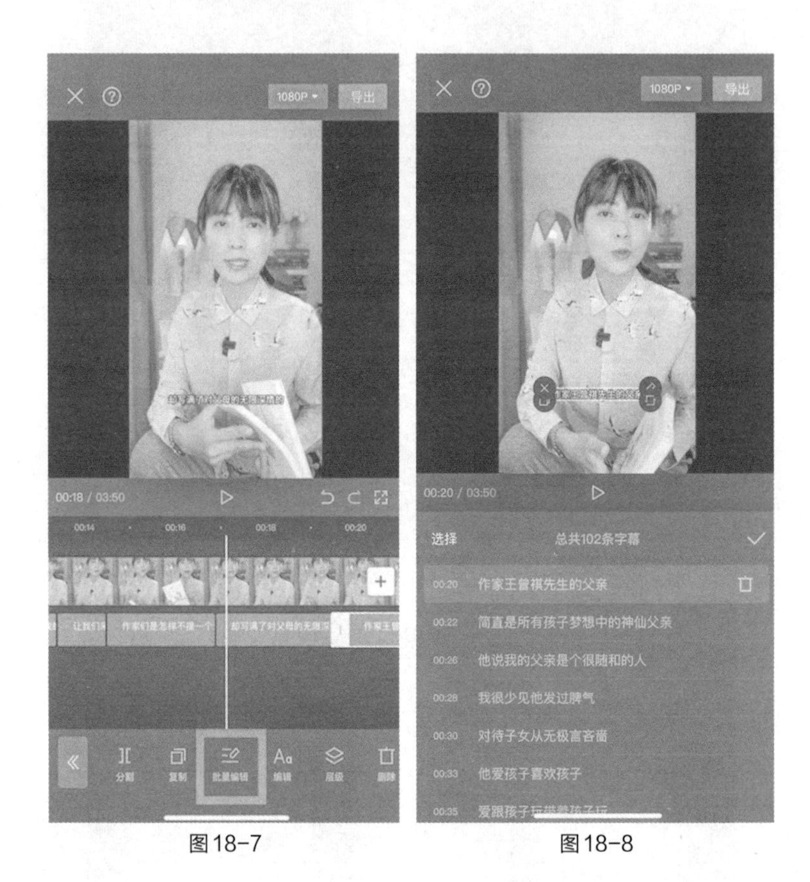

图 18-7　　　　图 18-8

若视频语速过慢，会导致用户缺乏耐心听完，从而使完播率下降。因此，要适当加快语速，尽量在同样的时间内输出较多的内容，如图 18-9、图 18-10 所示。

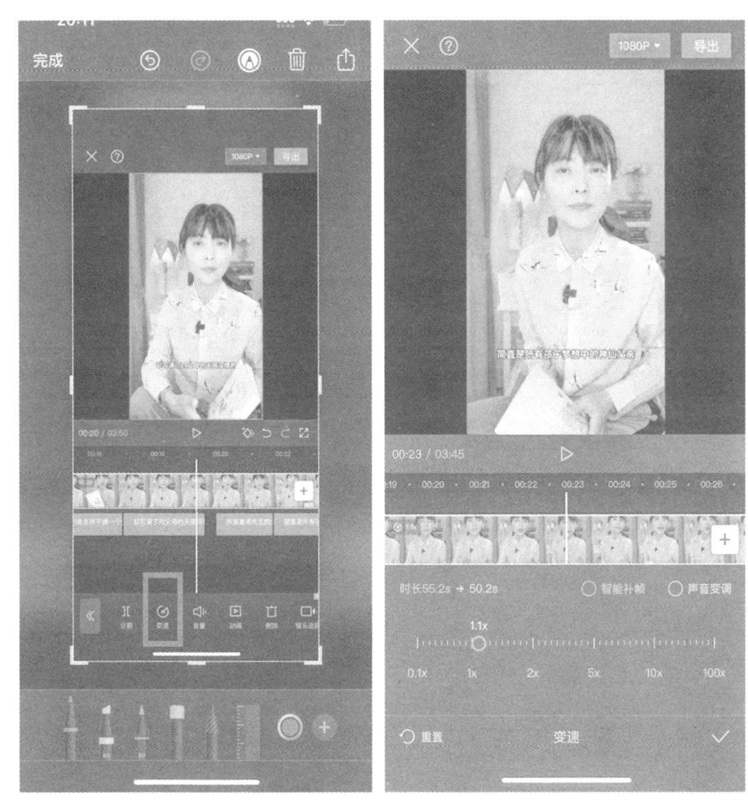

图18-9　　图18-10

口播画面的剪辑

添加好视频素材并调整好文字和语音速度后，我们就可以对视频的画面进行剪辑了。

1. 切换景别

口播的景别比较单一，一般都是以正面平拍为主，看起来略显单调，时间久了，容易引起观看者的观看疲劳。

我们可以尽可能地切换景别大小，切换频率为每 5 ~ 10 秒切换一次。这样做可以吸引观看者的注意力，让视频显得不那么枯燥，同时也可以起到强调作用。在学了关键帧这个技能之后，也可以通过关键帧做出更加平滑的“推镜头”运镜，使人物的情绪得到放大。

截取一小段需要放大情绪的视频，选中该素材，在该素材的开头处打上一个关键帧，如图 18–11 所示。

将时间轴移动到该视频素材靠近结束的位置，双指按住画面将其放大，给人物一个特写镜头。这里将会自动打上一个关键帧，如图 18–12 所示。

图18–11

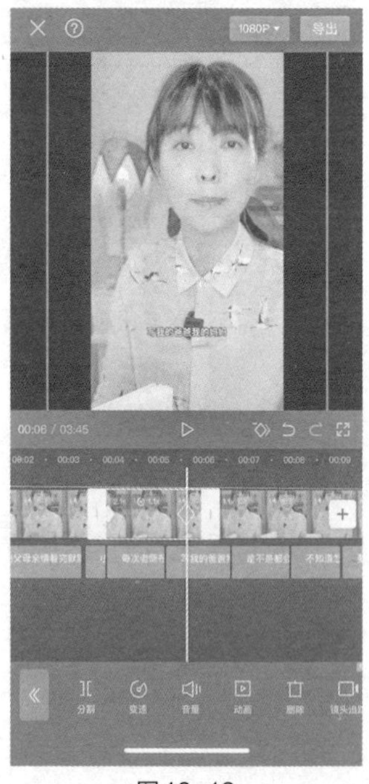

图18–12

此时播放该视频，将会看到人物由小到大、由远到近，给观看者一种镜头一直向前推进的感觉，人物的情绪也被放大了。

2. 利用蒙版、贴纸和花字突出重点

在蒙版工具栏中选择圆形蒙版。如果想给素材营造一些回忆或情绪氛围，也可以拉一点羽化效果。

此时的视频画面还有些单调，我们继续给它增加元素。

选中需要强调的文字，为它添加相对应的花字或文字模板，如图 18-13 所示。

点击“贴纸”按钮，根据人物的情绪选择相对应的贴纸，如图 18-14、图 18-15 所示。

现在我们可以看到，画面比一开始丰富了很多，如图 18-16 所示。

图 18-13

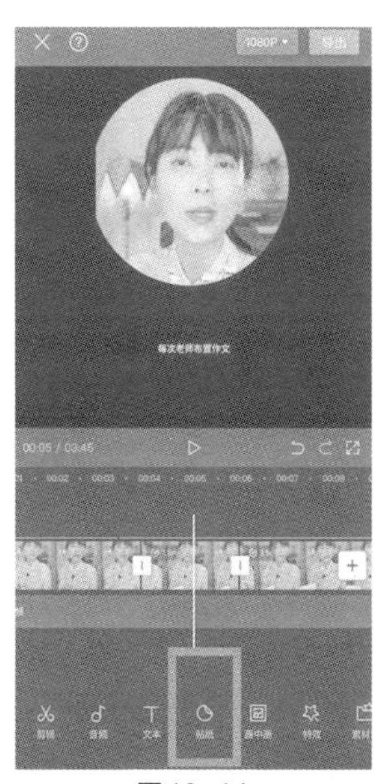

图 18-14

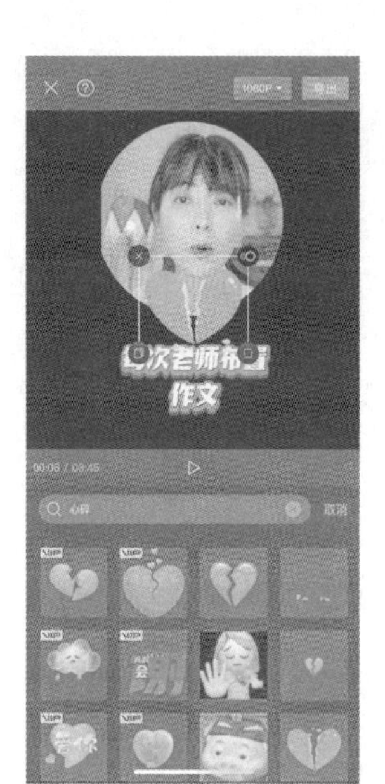

图18-15

图18-16

3. 字幕组合的动画效果

字幕组合我们已经在第十二章字幕的讲解中重点讲过了，具体操作可以回看第十二章。本章我们将结合其他元素一起来讲解。

没有经过编辑的字幕，看起来非常单调无趣，如图 18-17 所示。

将一句话分为两个图层，编辑出两种不同风格的字幕，再进行组合，如图 18-18 所示。

为一句话里的关键词做出动画效果，如选中“亲情”字幕，点击“动画”按钮，选择“向右露出”，同时调整时长，则此字幕将会从右边平滑进入画面，如图18-19、图18-20所示。

图18-17

图18-18

图18-19

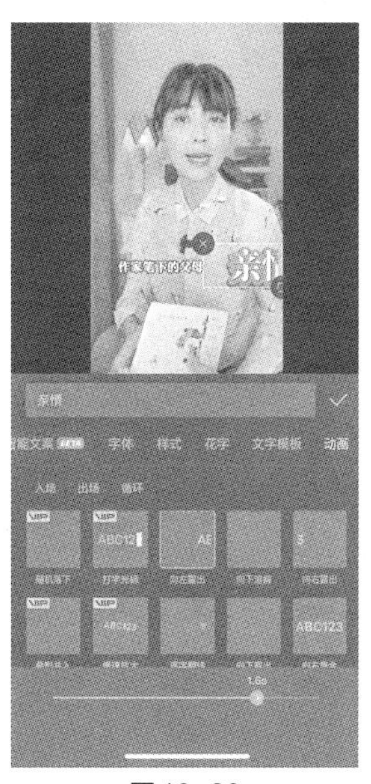

图18-20

4. 画中画的动画效果

画中画在口播视频中的使用频率非常高，它可以为单一的口播视频插入更多的信息，为用户创造更多了解细节的渠道。

点击“画中画”按钮，选择“新增画中画”，将其添加到轨道中。此时的画中画看起来有一些生硬，如图 18-21 所示。

选中画中画素材，点击下方的“动画”按钮，如图 18-22 所示。

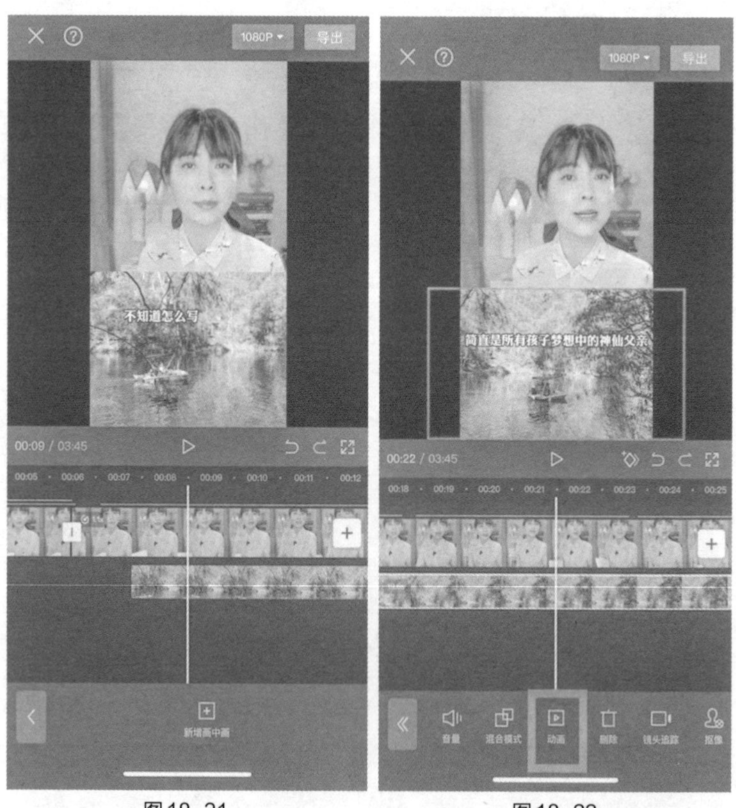

图18-21　　图18-22

先选择“入场动画”，选择“渐显”效果，并调整时长，如图 18-23 所示。

再选择“出场动画”，选择“渐隐”效果，并调整时长，如图 18-24 所示。

图 18-23　　　　图 18-24

入场动画和出场动画指的是素材进出画面时的动态效果。“渐显”是以渐渐出现的方式进入画面（入场动画），“渐隐”是以渐渐隐去的方式从画面中消失（出场动画）。这样，会带给观看者非常自然的观看体验，不令人感到突兀。

5. 添加滤镜和妆容

剪映自带的滤镜和美颜效果，让人物不用化妆也能迅速上镜。点击“美颜”工具栏下的“美妆”按钮，选择自己喜欢的妆容即可，如图 18-25、图 18-26 所示。

图18-25

图18-26

口播的声音

口播的声音分为音效和背景音乐两个部分。

点击“音效”可以看到有很多种类的音效供我们选择。如果没有看到想要的音效，可以通过搜索关键词来找。

在关键词出现的地方，加上“强调”音效，有加深观看印象的作用，如图 18-27 所示。

在一些隐晦词出现的地方，可以加上“屏蔽”音效，如图 18-28 所示。

图 18-27

图 18-28

在两个画面切换的部分，可以用“转场”音效，如图 18-29 所示。

进入某个环境中，可以选择环境中可能出现的声音（点击

“环境音”），如图 18-30 所示。

图 18-29

图 18-30

适当使用音效可以大大增强口播的综艺感和氛围感。关于音乐和音效的具体操作我们在第十三章中已经进行了详细讲解，可以回看第十三章。

关于人声的录制和收音，我们也在本书的第一部分“口播视频的拍摄”中进行了详细说明。读者在实践的时候，需要将本书的每个部分互相联系起来，前后结合使用，以得到最大的学习效果。